Louis Figuier

Éthérisation

Les Merveilles de la science

ISBN : 978-1519570376

10 9 8 7 6 5 4 3 2 1

Louis Figuier

Éthérisation

Les Merveilles de la science

Table de Matières

Soulager la douleur est une œuvre divine, a dit Hippocrate. Lorsque le père de la médecine exprimait cette idée, il parlait seulement de ces palliatifs insuffisants ou infidèles employés de son temps pour atténuer, dans le cours des maladies, les effets de la douleur. La découverte de l'éthérisation est venue donner à cette pensée une signification plus précise ; et de nos jours, en présence des résultats fournis par la méthode américaine, quelques esprits enthousiastes n'ont pas hésité à lui prêter le sens d'une vérité absolue. Sans vouloir prendre au sérieux cette interprétation, qui se ressent un peu trop du mysticisme des universités allemandes, on ne peut cependant s'empêcher de reconnaître dans la découverte de l'éthérisation, la réunion des circonstances les plus étranges. Rien, dans son origine, dans ses débuts, dans ses progrès, dans son développement, dans son institution définitive, ne rappelle les formes et l'évolution habituelles des découvertes ordinaires. C'est dans un coin du nouveau monde, loin de cette Europe, siège exclusif et berceau des sciences, qu'elle voit inopinément le jour, sans que rien l'ait préparée ou annoncée, sans que le plus léger indice ait fait pressentir un moment l'approche d'un événement aussi grave. Elle ne se produit pas dans le monde scientifique sous les auspices d'un nom brillant ; c'est un pauvre et ignorant dentiste qui, le premier, nous instruit de ses merveilles. Toutes les inventions de notre époque se sont accomplies lentement, par des tâtonnements pénibles, par des progrès successifs laborieusement réalisés ; celle-ci atteint du premier coup ses dernières limites : elle est à peine connue et signalée en Europe, qu'aussitôt des milliers de malades sont appelés à jouir de ses bienfaits. La plupart des grandes découvertes de notre siècle ont coûté à l'humanité de nombreuses victimes ; les machines à vapeur, les bateaux à vapeur, les chemins de fer, les aérostats, la poudre à canon, le paratonnerre, toutes les machines merveilleuses de l'industrie moderne, nous ont fait acheter leur conquête par de pénibles sacrifices. Au contraire, l'éthérisation, bien qu'elle touche aux sources mêmes de la vie et qu'elle semble témérairement jouer avec la mort, n'amène pas, dans ses débuts, l'accident le plus léger ; dans les applications innombrables qu'elle reçoit dès les premiers temps, elle ne compromet pas une seule fois la vie des hommes. Toutes nos découvertes sont loin d'atteindre d'une manière absolue le but qu'elles se proposent ; elles laissent toujours aux perfectionnements et aux progrès de l'avenir une part considérable. L'éthérisation semble, au contraire, toucher du premier coup à la perfection et à l'idéal ; car non-seulement elle remplit complètement son objet, l'abolition de la douleur, mais elle le dépasse encore, puisqu'elle substitue à la douleur un état tout particulier de plaisir sensuel et de bonheur moral. Quel étonnant contraste entre les opérations chirurgicales pratiquées avant la découverte de la méthode anesthésique et celles qui s'exécutent aujourd'hui sous sa bienfaisante influence ! Qui n'a frémi au spectacle que présentaient autrefois les opérations sanglantes ? Nous ne voulons pas attrister l'esprit de nos lecteurs de ce lugubre tableau ; mais seulement que l'on compare entre elles ces deux situations si opposées, et que l'on dise ensuite si la découverte américaine n'a point dépassé les limites ordinairement imposées aux inventions des hommes.

Quelles que soient les conclusions que l'on veuille tirer du rapprochement de ces faits, il faudra reconnaître au moins qu'en nous donnant le pouvoir d'anéantir la douleur, cet éternel ennemi, ce tyran néfaste de l'humanité, la méthode anesthésique nous a enrichis d'un bienfait inappréciable, éternellement digne de l'admiration et de la reconnaissance publiques.

Cette haute opinion, qu'il convient de se former de la découverte américaine, aurait pu sembler exagérée à l'époque de ses débuts, au moment où l'annonce de ses prodigieux effets vint frapper le monde savant d'une surprise qui n'est pas encore effacée. Mais aujourd'hui tous les doutes sont levés. Plusieurs années d'études et d'expériences accomplies dans toutes les régions du monde, sous les climats les plus opposés, dans les conditions les plus diverses, ont permis d'instruire la question jusque dans ses derniers détails, et de résoudre toutes les difficultés secondaires qui avaient surgi à l'origine. En Amérique, en Angleterre et surtout en France, les Académies et les Sociétés savantes se sont emparées avec ardeur de ce brillant sujet, et la question est aujourd'hui fixée dans tous ses points utiles. Aussi le moment est-il parfaitement opportun pour présenter le tableau général de l'histoire et de l'état présent de cette belle découverte. Le temps nous place déjà assez loin de ses débuts pour nous défendre de l'entraînement d'un enthousiasme irréfléchi, et de plus il nous a préparé un si grand nombre de renseignements et de faits, qu'il est maintenant facile de juger sainement et en connaissance de cause, ce grand événement scientifique. D'ailleurs, une main savante a rassemblé tous les éléments de cette enquête. M. Bouisson, professeur de clinique chirurgicale à la Faculté de médecine de Montpellier, a publié en 1850, sous le titre de *Traité théorique et pratique de la méthode anesthésique*, un ouvrage étendu dans lequel tous les faits qui se rattachent à la découverte américaine sont étudiés d'une manière approfondie. Les recherches contenues dans le livre du professeur de Montpellier, nous permettront de donner à nos lecteurs une idée claire et complète de la découverte la plus intéressante de notre siècle.

La question historique qui se rattache à la découverte de l'éthérisation a soulevé, aux Etats-Unis, de longs et importants débats ; elle est devenue le texte de quelques publications qui, à ce point de vue, offrent un grand intérêt. Le dentiste William Morton a publié à Boston, en 1847, un exposé des faits qui ont amené la découverte des propriétés stupéfiantes de l'éther. Le mémoire de Morton sur la *découverte du nouvel emploi de l'éther sulfurique* contient beaucoup d'assertions qui seraient d'une haute gravité, si la critique historique pouvait les accepter sans contrôle. Par malheur, les témoignages invoqués par le dentiste de Boston ne sont empreints que d'une véracité fort douteuse, et c'est ce qu'a parfaitement démontré un nouvel opuscule publié en 1848 par les soins du docteur Jackson. MM. Lord, de Boston, sont les auteurs d'un *Mémoire à consulter*, qui a pour titre : *Défense des droits du docteur Charles Jackson à la découverte de l'éthérisation*. Bien que très-confuse et très-obscure, la dissertation des avocats du docteur Jackson fournit un certain nombre de documents authentiques, qui permettent de rétablir la vérité sur une question qui a longtemps agité et qui divise encore les savants américains. L'étude attentive que nous avons faite des diverses pièces rapportées dans ces deux opuscules, nous donnera, nous l'espérons, les moyens d'éclaircir ce point de l'histoire de la médecine contemporaine sur lequel on ne possédait jusqu'à ce jour que des données contradictoires.

Abordons en conséquence la question historique ; nous arriverons ensuite à l'exposition des faits généraux qui constituent la méthode anesthésique, considérée au point de vue de la science.

CHAPITRE PREMIER

MOYENS ANESTHÉSIQUES CHEZ LES ANCIENS.

L'honneur d'une découverte scientifique peut rarement se rapporter aux efforts d'un seul homme ; presque toujours une longue série de travaux isolés et sans but spécial en avait rassemblé les éléments, jusqu'à ce qu'un hasard heureux ou une intuition puissante, vînt la dégager et lui donner sa forme et sa constitution définitives. Si l'on n'a pas suivi d'un œil attentif cette lente et secrèteélaboration des bases de l'édifice, il est difficile de reconnaître les matériaux successifs qui ont servi à l'élever, et l'on ne distingue plus dès lors que le nom de celui qui fut assez heureux ou assez habile pour se placer à son sommet. C'est là ce qui explique l'erreur générale, qui attribue au seul Jackson la découverte de l'anesthésie. On a ignoré ou perdu de vue les travaux de ses devanciers, et l'on a fautivement attribué à un seul homme la gloire d'une invention qui fut en réalité le résultat d'un grand nombre d'efforts collectifs. Ce serait, en effet, une grande erreur de s'imaginer que la recherche des moyens anesthésiques appartienne exclusivement à notre époque. L'idée d'abolir ou d'atténuer la douleur des opérations est aussi vieille que la science, et depuis l'origine de la chirurgie, elle n'avait pas cessé de préoccuper les esprits. Seulement le succès avait manqué aux nombreuses tentatives dirigées dans ce sens, et l'on avait fini par regarder ce grand problème comme tout à fait au-dessus des ressources de l'art.

Le savant philologue Eloy Johanneau a publié une note intéressante, sur les moyens employés par les anciens, pour rendre nos organes insensibles à la douleur. Il cite, à ce sujet, un passage de Pline, dont voici la traduction dans le vieux style d'Antoine du Pinet : « Quant au grand marbre du Caire, qui est dit des anciens *Memphitis*, il se réduit en poudre, qui est fort bonne, appliquée en liniment avec du vinaigre, pour endormir les parties qu'on veut couper ou cautériser, car elle amortit tellement la partie, qu'on ne sent comme point de douleur. » Mais Antoine du Pinet n'osait pas croire, sans doute, à un effet si surprenant, puisqu'il affaiblit dans sa traduction le texte de Pline, qui assure positivement qu'on ne sent point de douleur : *nec sentit cruciatum*. Le même

Antoine du Pinet, qui a traduit aussi les *Secrets Miracles de la nature*, et qui a fait des notes marginales sur sa traduction de Pline, y cite *messer* Dioscoride, qui dit que cette pierre de Memphis est de la grosseur d'un talent, qu'elle est grasse et de diverses couleurs. Dioscoride ajoute que si on la réduit en poudre, et qu'on l'applique sur les parties à cautériser ou à couper, ces parties deviennent insensibles sans qu'il en résulte aucun danger. Cependant rien, dans les ouvrages de la médecine ancienne, ne confirme l'emploi de cette pierre de Memphis, qui pourrait bien être un de ces mille préjugés, qui surprennent trop souvent l'opinion du crédule naturaliste de l'antiquité.

On ne pourrait en dire autant, sans injustice, de l'emploi fait chez les anciens de certaines plantes stupéfiantes. Les propriétés narcotiques de la mandragore, par exemple, ont été évidemment connues et mises à profit par eux pour calmer, dans certains cas, les douleurs physiques. Pline dit, en parlant du suc épaissi des baies de la mandragore : « On prend ce suc contre les morsures des serpents, ainsi qu'avant de souffrir l'amputation ou la ponction de quelque partie du corps, afin de s'engourdir contre la douleur. » Dioscoride et son commentateur Matthiole donnent, à propos de cette plante, le même témoignage : « Il en est, dit Dioscoride, qui font cuire la racine de mandragore avec du vin jusqu'à réduction à un tiers. Après avoir laissé clarifier la décoction, ils la conservent et en administrent un verre, pour faire dormir ou amortir une douleur véhémente, ou bien avant de cautériser ou de couper un membre, afin d'éviter qu'on n'en sente la douleur. Il existe une autre espèce de mandragore appelée *morion*. On dit qu'en mangeant une drachme de cette racine, mélangée avec des aliments ou de toute autre manière, l'homme perd la sensation et demeure endormi pendant trois ou quatre heures : les médecins s'en servent quand il s'agit de couper ou de cautériser un membre. » La même assertion se retrouve dans Dodonée, d'où M. Pasquier a extrait le passage suivant : « Le vin dans lequel on a mis tremper ou cuire la racine de mandragore fait dormir et apaise toutes les douleurs, ce qui fait qu'on l'administre utilement à ceux auxquels on veut couper, scier ou brûler quelque partie du corps, afin qu'ils ne sentent point la douleur. »

Au moyen âge, l'art de préparer avec les plantes stupéfiantes des breuvages somnifères était, comme on le sait, poussé fort loin. On connaissait en outre quelques substances narcotiques qui avaient la propriété d'abolir la sensibilité. Ce secret, qui existait dans l'Inde depuis des temps reculés, avait été apporté en Europe pendant les croisades, et il est reconnu que les malheureux qui étaient soumis aux épreuves de la question trouvaient quelquefois, dans l'usage de certains narcotiques, le moyen d'échapper à ces douleurs. Une règle de jurisprudence établit que l'insensibilité manifestée pendant la torture est un signe certain de sorcellerie. Plusieurs auteurs invoqués par Fromman[1] parlent de sorcières qui s'endormaient ou riaient pendant ces cruelles manœuvres, ce que l'on ne manquait pas d'attribuer à la protection du diable. Dès le quatorzième siècle, Nicolas Eymeric, grand inquisiteur d'Aragon, et auteur du *Directoire des inquisiteurs*, se plaignait des sortilèges dont usaient quelques accusés, et qui leur permettaient de rester insensibles aux souffrances de la question[2]. Fr. Pegna, qui a commenté, en 1578, l'ouvrage d'Eymeric, donne les mêmes témoignages sur l'existence et l'efficacité de ces sortilèges. Enfin, Hippolytus, professeur de jurisprudence à Bologne en 1524, assure, dans sa *Pratique criminelle* avoir vu des accusés demeurer comme endormis au milieu des tortures, et plongés dans un engourdissement en tout semblable à celui qui résulterait de l'action des narcotiques. Étienne Taboureau, contemporain de Pegna, a décrit également l'état soporeux qui dérobait les accusés aux souffrances de la torture. Suivant lui, il était devenu presque inutile de donner la question, la recette engourdissante étant connue de tous les geôliers, qui ne manquaient pas de la communiquer aux malheureux captifs destinés à subir cette cruelle épreuve.

Cependant le secret de ces moyens ne paraît pas avoir franchi, au moyen âge, la triste enceinte des cachots, et les chirurgiens ne purent songer sérieusement à en tirer parti pour épargner à leurs malades les souffrances des opérations. D'ailleurs les résultats fâcheux qu'entraîne si souvent l'administration des narcotiques s'opposaient à ce que leur usage devînt général. La dépression profonde qu'ils exercent sur les centres nerveux, la stupeur, les congestions sanguines qui en sont la suite, les difficultés inévitables dans la mesure de leur administration, la lenteur dans la production de leurs effets, leur persistance, et les accidents auxquels cette persistance expose, durent empêcher les chirurgiens de tirer parti des narcotiques comme agents prophylactiques de la douleur. Aussi les témoignages de leur emploi sont-ils extrêmement rares dans les écrits de la chirurgie de cette époque ; Guy de Ghauliac, Brunus et Théodoric sont les seuls auteurs qui les mentionnent. Théodoric, médecin qui vivait vers le milieu du treizième siècle, recommande, pour atténuer ou abolir les douleurs chirurgicales, d'endormir le malade en plaçant sous son nez une éponge imbibée d'opium, d'eau de morelle, de jusquiame, de laitue, de mandragore, de stramonium, etc. : on le réveillait ensuite en lui frottant les narines avec du vinaigre, du jus de fenouil ou de rue[3].

Fig. 338. — Une femme accusée de sorcellerie au moyen âge supporte la torture sans donner de signes de sensibilité.

Voici le texte original qui spécifie d'une façon précise, la manière dont se comportait Théodoric. J, Canappe, médecin de François Ier, dans son ouvrage imprimé à Lyon en 1553, *le Guidon pour les barbiers et les chirurgiens*, décrit ainsi, en parlant du *régime pour trancher un membre mortifié* le procédé mis en usage par Théodoric et ses imitateurs :

« Aucuns, dit-il, comme Théodoric, leur donnent médecines obdormières qui les endorment, afin que ne sentent incision, comme *opium, succus morellœ, hyoscyami, mandragores, cicutœ, lactucœ*, et plongent dedans esponge, et la laissent sécher au soleil, et quand il est nécessité, ils mettent cette esponge en eau chaulde, et leur donnent à odorer tant qu'ils prennent sommeil et s'endorment ; et quand ils sont endormis ; ils font l'opération ; et puis avec une autre esponge baignée en vinaigre et appliquée ès narines les esveillent, ou ils mettent ès narines ou en l'oreille, *succum rutœ* ou *feni*, et ainsi les esveillent, comme ils dient. Les autres donnent opium à boire, et font mal, spécialement s'il est jeune ; et le aperçoivent, car ce est avec une grande bataille de vertu animale et naturelle. J'ai ouï qu'ils encourent manie, et par conséquent la mort. »

Cependant l'histoire de la chirurgie du moyen âge est muette sur l'emploi de ces pratiques ; les préceptes de Théodoric restèrent donc sans application ;

En 1681, pendant qu'il professait à Marbourg, l'illustre créateur de la machine à vapeur, Denis Papin, écrivit un *Traité des opérations sans douleur*. Malheureusement ses ressources ne lui permirent pas de livrer cet ouvrage à l'impression. En quittant l'Allemagne, il le laissa à un de ses amis, le médecin Bœmer. Ce manuscrit, conservé d'héritier en héritier dans la famille de ce médecin, fut acheté pour quelques louis par le bibliothécaire de l'électeur de Hesse. Il figure aujourd'hui à la place d'honneur dans la bibliothèque de ce prince, et il serait bien intéressant de le voir livrer à l'impression.

Dans les temps modernes, à l'époque de la renaissance de la chirurgie, au milieu de toutes les grandes questions scientifiques qui commencèrent à s'agiter, on ne pouvait pas négliger le problème d'abolir la douleur des opérations. Aussi, à mesure que s'augmentent les ressources et l'étendue de l'arsenal chirurgical, on voit les praticiens s'occuper, en même temps de défendre les malades contre cette *misérable boutique et magasin de cruauté*, comme l'appelait déjà Ambroise Paré. Mais une revue rapide des divers moyens qui ont été proposés ou employés jusqu'à ce jour pour atteindre ce but, montrera facilement que toutes les tentatives faites dans cette direction avaient échoué de la manière la plus complète.

L'*opium*, dont l'action narcotique a été connue de toute antiquité, et que Van Helmont appelle un *don spécifique du Créateur*, a été employé à toutes les époques pour atténuer l'aiguillon de la douleur. Théodoric et Guy de Chauliac l'administraient aux malades qu'ils se disposaient à opérer. Beaucoup de chirurgiens imitèrent cet exemple, et au siècle dernier, Sassard, chirurgien de la Charité, a beaucoup insisté pour faire administrer, avant les opérations graves et douloureuses, un narcotique approprié à l'âge, au tempérament et aux forces du malade. Mais la variabilité et l'inconstance des effets de l'opium, l'excitation qu'il provoque souvent au lieu de l'insensibilité que l'on recherche, son action toxique, les congestions cérébrales auxquelles il expose, la lenteur avec laquelle s'efface l'impression qu'il a produite sur l'économie, tout contribuait à faire rejeter son emploi de la pratique chirurgicale[4].

La *compression* a été assez souvent employée dans la chirurgie moderne pour diminuer la douleur pendant les grandes opérations, et surtout dans les amputations des membres. Elle était exercée à l'aide d'une courroie fortement serrée au-dessus du lieu où les parties devaient être divisées. Van Swieten, Teden et Juvet ont beaucoup recommandé l'emploi de ce moyen. Mais la compression circulaire, sans jouir des avantages de l'opium, présentait des inconvénients plus grands encore ; car, à la douleur qu'on cherchait à prévenir, et que tout au plus on atténuait faiblement, venait s'ajouter une nouvelle douleur, résultat immédiat de cette compression mécanique elle-même.

Les *irrigations froides*, *l'application de la glace*, ont souvent permis, non-seulement de diminuer le mouvement fluxionnaire, mais encore de calmer la douleur. L'engourdissement par le froid provoque un certain degré d'insensibilité. Après la bataille d'Eylau, Larrey remarqua, chez les nombreux blessés qu'il fut obligé d'amputer par un froid très-intense, un amoindrissement notable de la douleur. Mais il est évident que ce moyen, fort imparfait d'ailleurs pour produire une insensibilité locale absolue, offre le danger de compromettre la santé générale des malades.

L'*ivresse alcoolique* pouvait-elle, comme quelques chirurgiens l'ont espéré, amener des résultats plus satisfaisants ? On savait depuis longtemps que les luxations se réduisent avec une facilité extrême et sans provoquer de douleur, chez les individus pris de vin. Haller rapporte plusieurs cas d'accouchements accomplis sans douleurs pendant l'ivresse, et Deneux a observé un fait semblable à l'hôpital d'Amiens. Quelques chirurgiens ont même pratiqué, dans les mêmes circonstances, des amputations dont la douleur ne fut point perçue par le malade. Blandin se vit, il y a plusieurs années, dans la nécessité de pratiquer l'amputation de la cuisse à un homme qui fut apporté ivre-mort à l'Hôtel-Dieu. L'individu resta entièrement insensible à l'opération, et quand les fumées du vin furent dissipées, il se montra profondément surpris et en même temps très-affligé de la perte de son membre. Les faits de ce genre ont inspiré à quelques chirurgiens, l'idée de provoquer artificiellement l'ivresse pour soustraire les opérés à l'impression de la douleur. Richerand a conseillé, dans les luxations difficiles à réduire, d'enivrer le malade pour triompher de la résistance musculaire. Mais une telle pensée ne pouvait recevoir les honneurs d'une expérimentation sérieuse : l'ivresse, même décorée d'une intention thérapeutique, ne pouvait entrer dans le cadre de nos ressources médicales. Le dégoût profond qu'elle inspire, l'état d'imbécillité et d'abrutissement qu'elle entraîne, la dégradation dont elle est le type, les réactions qu'elle occasionne, devaient la faire exclure du domaine de la chirurgie. D'ailleurs l'action des alcooliques n'amène pas toujours l'insensibilité. M. Longet a mis ce fait hors de doute en expérimentant sur les animaux, et un de nos chirurgiens, qui avait cru ennoblir l'ivresse en la déterminant avec du vin de Champagne, échoua complètement dans ses tentatives pour provoquer l'insensibilité : le Champagne additionné de laudanum, malgré des libations abondantes, n'amena d'autre phénomène qu'une hilarité désordonnée.

L'ivresse du *haschisch* est aussi insuffisante que celle du vin pour produire l'insensibilité. Ce n'est guère que sur les facultés intellectuelles que se manifeste l'action de ce singulier produit ; l'imagination reçoit sous son influence un degré extraordinaire d'exaltation, l'individu rêve tout éveillé, mais ses organes restent accessibles à la douleur.

En 1776, certains esprits enthousiastes crurent pendant quelque temps le problème qui nous occupe positivement résolu. Mesmer venait d'arriver à Paris pour y faire connaître les merveilles du *magnétisme animal*. Avec l'aide de son élève, le docteur-régent Deslon, Mesmer remuait tout Paris et jetait les esprits dans une confusion extraordinaire. Il serait hors de propos de rappeler ici les détails de cette curieuse histoire : ce baquet magique, ces tiges d'acier, ces chaînes de métal passées autour du corps des malades et dans lesquelles beaucoup de personnes voyaient autant de petits tuyaux destinés à conduire la vapeur d'un certain liquide contenu dans le baquet. On attribuait à ces appareils fantastiques les plus merveilleux effets ; les maux de l'humanité allaient s'évanouir comme par enchantement, les opérations les plus cruelles seraient supportées sans la plus légère souffrance, les femmes devaient enfanter sans douleur. De nombreux essais furent tentés par les adeptes de ses doctrines, et par suite du mystérieux prestige, que ces idées exerçaient sur certaines imaginations faibles ou déréglées, on signala quelques succès au milieu d'échecs innombrables. Ces jongleries, encouragées par des princes du sang et par le roi lui-même, durèrent plusieurs années.

Fig. 339. — Le baquet de Mesmer.

Nous avons vu renaître, à notre époque, les prétentions du magnétisme animal, en ce qui touche ses applications à la médecine opératoire ; mais il s'agissait cette fois de faits positifs ou du moins susceptibles de contrôle. En 1829, une opération grave fut pratiquée à Paris pendant le sommeil magnétique sans que le malade en eût conscience. À quelque point de vue qu'on l'envisage, l'observation de M. Jules Cloquet est remplie d'intérêt, et l'on nous permettra de la rapporter.

Un médecin qui s'occupait beaucoup de magnétisme, M. Chapelain, soumettait depuis longtemps à un traitement magnétique, une vieille dame atteinte d'un cancer au sein. N'obtenant rien autre chose qu'un sommeil très-profond, pendant lequel la sensibilité paraissait abolie, il proposa à M. Jules Cloquet de l'opérer pendant qu'elle serait plongée dans le sommeil magnétique. Ce dernier, qui avait jugé l'opération indispensable, voulut bien y consentir, et l'opération fut fixée au 12 avril. La veille et l'avant-veille, la malade fut magnétisée plusieurs fois par M. Chapelain, qui la disposait, lorsqu'elle était en somnambulisme, à supporter sans crainte l'opération, et qui l'amena même à en causer avec sécurité, tandis qu'à son réveil elle en repoussait l'idée avec horreur. Le jour fixé pour l'opération, M. Cloquet trouva la malade assise dans un fauteuil, dans l'attitude d'une personne paisiblement livrée au sommeil naturel : M. Chapelain l'avait mise dans le sommeil magnétique ; elle parlait avec beaucoup de calme de l'opération qu'elle allait subir. Tout étant disposé pour l'opérer, elle se déshabilla et s'assit sur une chaise. M. Cloquet pratiqua alors l'opération, qui dura dix à douze minutes. Pendant tout ce temps, la malade s'entretint tranquillement avec l'opérateur et ne donna pas le plus léger signe de sensibilité : aucun mouvement dans les membres ni dans les traits, aucun changement dans la respiration ni dans la voix, aucune variation dans le pouls ; elle conserva invariablement l'abandon et l'impassibilité automatique où elle se trouvait quelques minutes avant l'opération. Le pansement terminé, l'opérée fut portée dans son lit, où elle resta deux jours entiers sans sortir du sommeil somnambulique. Alors le premier appareil fut levé, la plaie fut nettoyée et pansée, sans que l'on remarquât chez la malade aucun signe de sensibilité ni de douleur ; le magnétiseur l'éveilla après ce pansement, et elle déclara alors n'avoir eu aucune idée, aucun sentiment de ce qui s'était passé.

L'annonce de ce fait singulier amena la publication de quelques observations du même genre, qui furent accueillies par le public médical avec des sentiments très-divers. Celui de ces faits qui paraît le plus authentique s'est passé en 1842, dans un hôpital d'Angleterre. Voici le résumé de cette observation, qui est devenue le sujet d'une discussion à la Société royale de médecine et de chirurgie de Londres.

James Wombel, homme de peine, âgé de quarante-deux ans, souffrait depuis cinq ans d'une affection du genou pour laquelle il entra à l'hôpital de Wellow, le 21 juin 1842. Cette affection, très-avancée, n'était curable que par l'amputation. Un magnétiseur, M. Topham, s'était assuré que le sommeil somnambulique amenait chez cet individu, un état manifeste d'insensibilité locale ; il fut donc décidé que l'on essayerait de pratiquer l'opération pendant le sommeil magnétique. Elle fut exécutée par M. Ward. Après avoir convenablement placé le malade, M. Topham le magnétisa et indiqua au chirurgien le moment où il pouvait commencer. Le premier temps de l'amputation se fit sans que l'opéré donnât le moindre signe de sensibilité ; après la seconde incision, il fit entendre quelques faibles murmures. Au reste, son aspect extérieur n'était nullement changé, et jusqu'à la fin de l'opération, qui exigea vingt minutes, il demeura aussi immobile qu'une statue. Interrogé après l'opération, il déclara n'avoir rien senti.

Plus récemment, M. le docteur Loysel, de Cherbourg, a annoncé dans les journaux de cette ville, qu'il a pratiqué plusieurs opérations sous l'influence du sommeil magnétique, sans que les malades aient accusé la moindre douleur. Une amputation de jambe, l'extirpation des ganglions sous-maxillaires et diverses autres opérations moins importantes, ont été exécutées de cette manière sur des sujets d'âge, de sexe et de tempérament différents, que le sommeil magnétique a exemptés, selon l'auteur, de toute sensation douloureuse. M. Loysel invoque, à l'appui de ses assertions, le témoignage d'un grand nombre de personnes recommandables de Cherbourg, qui assistaient aux opérations. Ajoutons que M. le docteur Kühnoltz, de Montpellier, a observé dans sa pratique quelques faits du même genre, qui se rapportent à des opérations moins graves. Il paraît enfin que des expériences faites à Calcutta, en 1850, sous les yeux d'une commission nommée par le gouvernement des Indes, ont donné au docteur Esdaile des résultats assez favorables pour l'encourager à poursuivre dans cette voie.

Tout cela est assurément fort curieux, mais une seule réflexion fera comprendre qu'il était impossible d'introduire le magnétisme animal dans le domaine de la chirurgie. Le somnambulisme artificiel poussé au point d'amener l'insensibilité générale est un fait d'une rareté extraordinaire ; c'est une merveille qui ne se rencontre que de loin en loin et chez des individus d'une organisation spéciale. Un sujet *magnétique*, selon les termes consacrés, est un phénix précieux que les maîtres de l'art poursuivent avec passion sans le rencontrer toujours. Il faut, pour répondre à toutes les conditions du programme magnétique, une nature particulière et tout à fait exceptionnelle. De là l'impossibilité de faire franchir au magnétisme animal le seuil de nos hôpitaux. D'ailleurs le charlatanisme et la fraude ont perdu depuis longtemps la cause du magnétisme. Il y a certainement quelques vérités utiles à glaner dans le champ obscur de ces étranges phénomènes, et tout n'est pas mensonge dans les merveilles que l'on nous a si souvent racontées à ce propos. Mais le magnétisme avait dans l'ignorance de ses adeptes et dans les abus qu'il ouvre à la spéculation et à l'imposture, deux écueils redoutables ; au lieu de les éviter, il s'y est engagé à pleines voiles. La science moderne s'accommode mal de ces doctrines qui redoutent le grand jour de la démonstration publique, et ne dévoilent leurs merveilles qu'à l'abri d'une ombre propice ou dans un cercle de croyants dévoués ; elle s'est éloignée avec raison de ces pratiques ténébreuses, et le magnétisme animal, appliqué à la prophylaxie de la douleur, s'est vu refuser avec raison l'honneur d'une expérimentation régulière. L'eût-on d'ailleurs admis à cette épreuve, il est certain qu'il eût succombé, car les faits mêmes que nous avons rapportés, et qui pour quelques-uns de nos lecteurs, peuvent sembler sans réplique, n'ont pas manqué de contradicteurs qui ont trouvé dans la possibilité de feindre l'insensibilité, dans l'organisation de certains individus capables de supporter sans s'émouvoir, les opérations les plus cruelles, enfin dans la rareté excessive des cas de ce genre, des motifs suffisants pour rejeter les arguments tirés de ces faits, et pour repousser hors de la chirurgie, la thérapeutique incertaine et mystique du magnétisme animal.

CHAPITRE PREMIER

Nous venons de passer en revue la série des moyens proposés à diverses époques, pour atténuer la douleur dans les opérations chirurgicales ; on voit aisément que nul d'entre eux n'était susceptible de recevoir une application sérieuse. Les plus efficaces de ces moyens, tels que l'opium, la compression, l'application du froid, ne furent guère employés que par les praticiens qui en avaient conseillé l'usage. Après un si grand nombre d'efforts inutiles, devant des insuccès si complets et si répétés, la science avait fini par se croire impuissante. En 1828, le ministre de la maison du roi envoya à l'Académie de médecine, une lettre adressée au roi Charles X, par un médecin anglais, M. Hickman, qui assurait avoir trouvé les moyens d'obtenir l'insensibilité chez les opérés. Cette communication fut très-mal accueillie, et, malgré l'opinion de Larrey, plusieurs membres de l'Académie s'opposèrent formellement à ce qu'il y fût donné suite. Ainsi on en était venu à regarder comme tout à fait insoluble, le problème de l'abolition de la douleur, et l'on croyait devoir condamner toutes tentatives de ce genre. On ne mettait pas même en pratique le précepte de Richerand, qui conseille de tremper le bistouri dans l'eau chaude pour en rendre l'impression moins douloureuse. Le découragement était si complet sous ce rapport, que l'on n'hésitait pas à engager pour ainsi dire l'avenir, et à conseiller sur ce point une sorte de résignation. C'est ce qu'indique le passage suivant du *Traité de la médecine opératoire* de M. Velpeau, publié en 1839 : « Eviter la douleur dans les opérations, dit M. Velpeau, est une chimère qu'il n'est pas permis de poursuivre aujourd'hui. Instrument tranchant et douleur, en médecine opératoire, sont deux mots qui ne se présentent point l'un sans l'autre à l'esprit des malades, et dont il faut nécessairement admettre l'association. »

Tel était l'état de la science, telle était la situation des esprits, lorsque, pendant l'année 1846, la méthode anesthésique fit tout d'un coup explosion. On comprend dès lors la surprise que durent éprouver les savants, à voir résolu d'une manière si formelle et si complète, un problème qui avait défié les efforts de tant de siècles, à voir positivement réalisée cette chimère depuis si longtemps abandonnée à l'imagination des poètes. L'histoire de la découverte de l'éthérisation à notre époque, mérite donc une intention particulière. Les recherches qui l'ont amenée n'ont d'ailleurs rien de commun avec l'ensemble des moyens que nous venons de passer en revue, et qui se renfermaient tous dans le cercle de la médecine ou de la chirurgie. C'est en effet du laboratoire d'un chimiste qu'est sortie cette découverte extraordinaire qui devait exercer dans les procédés de la chirurgie une transformation si remarquable.

CHAPITRE II

AGENTS ANESTHÉSIQUES DANS LES TEMPS MODERNES. — EXPÉRIENCES DE DAVY SUR LE PROTOXYDE D'AZOTE.

On trouve dans l'histoire des découvertes contemporaines, quelques génies heureux qui ont eu le rare et étonnant privilège, de s'emparer, dès l'origine, de la plupart des grandes questions qui devaient plus tard dominer la science entière. Tel fut Humphry Davy, qui associa son nom et consacra sa vie à l'étude de la plupart des grands faits scientifiques qui occupent notre époque. Le premier, il comprit le rôle immense que devaient jouer dans l'avenir, les emplois chimiques de l'électricité, cet agent destiné à changer un jour la face morale du monde. Son nom se trouve le premier inscrit sur la liste des chimistes dont les travaux ont amené la découverte de la photographie : il a le premier soulevé la discussion des théories générales dont la chimie est aujourd'hui le texte ; enfin, à son début dans la carrière des sciences, il découvrit les faits extraordinaires qui devaient amener la création de la méthode anesthésique.

Comment Humphry Davy fut-il conduit à réaliser une découverte si remarquable ?

Davis Guilbert, l'un des membres les plus distingués de l'ancienne Société royale de Londres, passait un jour dans les rues de Penzance, petite ville du comté de Cornouailles, lorsqu'il aperçut, assis sur le seuil d'une porte, un jeune homme à l'attitude méditative et recueillie : c'était Humphry Davy, qui remplissait, dans la boutique de l'apothicaire Borlase, les modestes fonctions d'apprenti. Frappé de l'expression de ses traits, il l'aborda, et ne tarda pas à reconnaître en lui le germe des plus heureux talents. Sorti en effet d'une très-obscure origine, et malgré des conditions très-défavorables, le jeune apprenti avait déjà accompli, sans secours et dans l'isolement de ses réflexions, quelques travaux préliminaires qui dénotaient pour les sciences physiques, les dispositions les plus brillantes.

Guilbert était lié, à cette époque, avec le docteur Beddoes, chimiste et médecin, dont le nom a joui d'un certain crédit à la fin du dernier siècle. Quelques mois auparavant, Beddoes venait de fonder à Glifton, petit bourg situé aux environs de Bristol, un établissement connu sous le nom d'*Institution pneumatique*, consacré à étudier les propriétés médicales des gaz. Personne n'ignore que c'est en Angleterre, par les travaux de Cavendish et de Priestley, que les fluides élastiques ont été découverts pour la première fois. À la fin du siècle dernier, l'étude de cette forme nouvelle de la matière avait imprimé aux travaux scientifiques un élan considérable ; les recherches sur les gaz se succédaient sans interruption, et les médecins s'appliquaient en même temps à étudier, dans le domaine de leur art, les applications de ces faits. D'un autre côté, Lavoisier venait de créer en France sa théorie chimique de la respiration, éclair de génie qui illumina la science entière et vint prêter aux travaux sur les fluides élastiques un intérêt de premier ordre. C'est sous l'influence de cette double impulsion que le docteur Beddoes avait fondé son *Institution pneumatique*. Cet établissement renfermait un laboratoire pour les expériences de chimie, un hôpital pour les malades destinés à être soumis aux inhalations gazeuses et un amphithéâtre pour les leçons publiques. Il avait été élevé à l'aide de souscriptions, suivant l'usage anglais. James Watt, un des principaux actionnaires, avait exécuté lui-même, dans les ateliers de Soho, les appareils servant à la préparation et à l'administration des gaz. Pour diriger son laboratoire, le docteur Beddoes avait besoin d'un chimiste habile : Guilbert n'hésita pas à offrir cette place au jeune apprenti, et c'est ainsi que le 1er mars 1798, Humphry Davy, à peine âgé de vingt ans, quitta l'obscure boutique où s'était écoulée une partie de sa jeunesse, et vint débuter dans la carrière où l'attendait tant de gloire.

Dans l'*Institution pneumatique*, Davy fut spécialement chargé d'étudier les propriétés chimiques des gaz et d'observer leur action sur l'économie vivante. Par le plus singulier des hasards, le premier gaz auquel il s'adressa fut le protoxyde d'azote, c'est-à-dire celui de tous ces corps qui exerce sur nos organes l'action la plus extraordinaire. Rien, parmi les faits qui existaient alors dans la science, ne permettait de prévoir les phénomènes étranges qui vinrent s'offrir à son observation.

Il commença par faire une étude approfondie des propriétés et de la composition du protoxyde d'azote, et par déterminer les procédés les plus convenables pour l'obtenir. Il s'occupa ensuite de reconnaître ses effets sur la respiration. C'est le 11 avril 1799 qu'il exécuta cet essai pour la première fois, et constata la propriété enivrante de ce gaz. Il éprouva d'abord une sorte de vertige, mais bientôt le vertige diminua, et des picotements se firent sentir à l'estomac ; la vue et l'ouïe avaient acquis un surcroît d'énergie. Vers la fin de l'expérience, il se développa un sentiment tout particulier d'exaltation des forces musculaires : l'expérimentateur ressentait un besoin irrésistible d'agir et de se mouvoir. Il ne perdait pas complètement la conscience de ses actions, mais il était dans une espèce de délire, caractérisé par une gaieté extraordinaire et par une notable exaltation des facultés intellectuelles.

Les faits observés à cette occasion par Humphry Davy sont devenus, selon nous, le point de départ de la méthode anesthésique ; nous devons donc les faire connaître avec quelques détails. Dans l'ouvrage étendu qu'il publia à cette occasion en 1799, sous le titre de *Recherches chimiques sur l'oxyde nitreux et sur les effets de sa respiration*, Humphry Davy donne le résumé suivant de sa première expérience :

« Après avoir préalablement bouché mes narines et vidé mes poumons, je respirai quatre quarts de gaz[5] contenus dans un petit sac de soie. La première impression consista dans une pesanteur de tête avec perte du mouvement volontaire. Mais une demi-minute après, ayant continué les inspirations, ces symptômes diminuèrent peu à peu et firent place à la sensation d'une faible pression sur tous les muscles ; j'éprouvais en même temps dans tout le corps une sorte de chatouillement agréable, qui se faisait particulièrement sentir à la poitrine et aux extrémités. Les objets situés autour de moi me paraissaient éblouissants de lumière et le sens de l'ouïe avait acquis un surcroît de finesse. Dans les dernières inspirations, ce chatouillement augmenta, je ressentis une exaltation toute particulière dans le pouvoir musculaire, et j'éprouvai un besoin irrésistible d'agir.

« Je ne me souviens que très-confusément de ce qui suivit : je sais seulement que mes gestes étaient violents et désordonnés. Tous ces effets disparurent lorsque j'eus suspendu l'inspiration du gaz ; dix minutes après, j'avais recouvré l'état naturel de mes esprits ; la sensation du chatouillement dans les membres se maintint seule pendant quelque temps.

« J'avais fait cette expérience dans la matinée ; je ne ressentis pendant tout le reste du jour aucune fatigue, et je passai la nuit dans un repos complet. Le lendemain, le souvenir de ces différents effets était presque effacé de ma mémoire, et si des notes prises immédiatement après l'expérience ne les eussent rappelés à mon souvenir, j'aurais douté de leur réalité.

« Je croyais pouvoir mettre quelques-unes de ces impressions sur le compte de la surprise et de l'enthousiasme que j'avais éprouvés, lorsque je ressentis ces émotions agréables au moment où je m'attendais, au contraire, à éprouver de pénibles sensations. Mais deux autres expériences faites dans le cours de la journée, en m'armant du doute, me convainquirent que ces effets étaient positivement dus à l'action du gaz. »

Le gaz qui avait servi à cette première expérience était mêlé d'une certaine quantité d'air : Humphry Davy respira quelques jours après le protoxyde d'azote pur.

« Je respirai alors, dit-il, le gaz pur. Je ressentis immédiatement une sensation s'étendant de la poitrine aux extrémités ; j'éprouvais dans tous les membres comme une sorte d'exagération du sens du tact. Les impressions perçues par le sens de la vue étaient plus vives, j'entendais distinctement tous les bruits de la chambre, et j'avais très-bien conscience de tout ce qui m'environnait. Le plaisir augmentant par degrés, je perdis tout rapport avec le monde extérieur. Une suite de fraîches et rapides images passaient devant mes yeux ; elles se liaient a des mots inconnus et formaient des perceptions toutes nouvelles pour moi. J'existais dans un monde à part. J'étais en train de faire des théories et des découvertes quand je fus éveillé de cette extase délirante par le docteur Kinglake qui m'ôta le sac de la bouche. À la vue des personnes qui m'entouraient, j'éprouvai d'abord un sentiment d'orgueil, mes impressions étaient sublimes, et pendant quelques minutes je me promenai dans l'appartement, indifférent à ce qui se disait autour de moi. Enfin, je m'écriai avec la foi la plus vive et de l'accent le plus pénétré : *Rien n'existe que la pensée ; l'univers n'est composé que d'idées, d'impressions de plaisir et de souffrance.*

« Il ne s'était écoulé que trois minutes et demie durant cette expérience, quoique le temps m'eût paru bien plus long en le mesurant au nombre et à la vivacité de mes idées ; je n'avais pas consommé la moitié de la mesure de gaz, je respirai le reste avant que les premiers effets eussent disparu. Je ressentis des sensations pareilles aux précédentes ; je fus promptement plongé dans l'extase du plaisir, et j'y restai plus longtemps que la première fois. Je fus en proie pendant deux heures à l'exhilaration. J'éprouvai plus longtemps encore l'espèce de joie déréglée décrite plus haut, qui s'accompagnait d'un peu de faiblesse. Cependant elle ne persista pas ; je dînai avec appétit, et je me trouvai ensuite plus dispos et plus gai. Je passai la soirée à préparer des expériences ; je me sentais plein d'activité et de contentement. De 11 heures à 2 heures du matin, je m'occupai à transcrire le récit détaillé des faits précédents. Je reposai très-bien, et le lendemain je me réveillai avec le sentiment d'une existence délicieuse qui se maintint toute la journée. »

Davy continua pendant plusieurs mois ces curieuses expériences. L'exhilaration et l'exaltation de la force musculaire étaient les phénomènes qui marquaient surtout l'état étrange où le plongeait la respiration du protoxyde d'azote.

« Jusqu'au mois de décembre, dit-il, j'ai répété plusieurs fois les inspirations de gaz. Loin de diminuer, ma susceptibilité pour ses effets ne faisait que s'accroître ; six quarts étaient le volume de gaz qui m'était nécessaire pour les provoquer, et je ne prolongeais jamais les inspirations plus de deux minutes et demie… Quand ma digestion était difficile, je me suis trouvé deux ou trois fois péniblement affecté par l'excitation amenée par le gaz ; j'éprouvais alors des maux d'estomac, une pesanteur de tête et de l'excitation cérébrale.

« J'ai souvent eu beaucoup de plaisir à respirer le gaz dans le silence et l'obscurité, absorbé par des sensations purement idéales. Quand je faisais des expériences devant quelques personnes, je me suis trouvé deux ou trois fois péniblement affecté par le plus faible bruit ; la lumière du soleil me paraissait d'un éclat fatigant et difficile à supporter. J'ai également ressenti deux ou trois fois une certaine douleur sur les joues et un mal de dents passager. Mais lorsque je respirai le gaz après quelques excitations morales, j'ai ressenti des impressions de plaisir véritablement sublimes. »

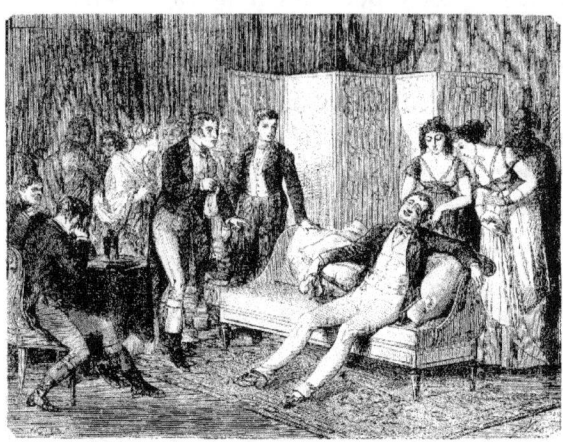

Fig. 340. — Expériences de Humphry Davy sur l'inspiration du gaz protoxyde d'azote à l'*Institution pneumatique* de Clifton.

« Le 5 mai, la nuit, je m'étais promené pendant une heure au milieu des prairies de l'Avon ; un brillant clair de lune rendait ce moment délicieux, et mon esprit était livré aux émotions les plus douces. Je respirai alors le gaz. L'effet fut rapidement produit. Autour de moi les objets étaient parfaitement distincts, seulement la lumière de la lampe n'avait pas sa vivacité ordinaire. La sensation de plaisir fut d'abord locale ; je la perçus sur les lèvres et autour de la bouche. Peu à peu elle se répandit dans tout le corps, et au milieu de l'expérience elle atteignit à un moment un tel degré d'exaltation qu'elle absorba mon existence. Je perdis alors tout sentiment. Il revint cependant assez vite, et j'essayai de communiquer à un assistant, par mes rires et mes gestes animés, tout le bonheur que je ressentais. Deux heures après, au moment de m'endormir et placé dans cet état intermédiaire entre le sommeil et la veille, j'éprouvais encore comme un souvenir confus de ces impressions délicieuses. Toute la nuit, j'eus des rêves pleins de vivacité et de charme, et je m'éveillai le matin en proie à une énergie inquiète que j'avais déjà éprouvée quelquefois dans le cours de semblables expériences. »

Cette impression extraordinaire produite sur le système nerveux, par l'inspiration du protoxyde d'azote, devait amener à penser que ce gaz aurait peut-être la propriété de suspendre ou d'abolir les douleurs physiques. C'est ce que Davy ne manqua pas de reconnaître. Il raconte, dans son livre, qu'en deux occasions, il fit disparaître une céphalalgie par l'inhalation de son gaz. Il employa aussi ce moyen pour apaiser une douleur intense causée par le percement d'une dent de sagesse.

« La douleur, dit-il, diminuait toujours après les quatre ou cinq premières inspirations ; le chatouillement venait comme à l'ordinaire, et la douleur était, pendant quelques minutes, effacée par la jouissance[6]. » Plus loin, Humphry Davy fait la remarque suivante : « Le protoxyde d'azote paraissait jouir, entre autres propriétés, de celle de détruire la douleur ; on pourrait probablement l'employer avec avantage dans les opérations de chirurgie qui ne s'accompagnent pas d'une grande effusion de sang[7]. »

Si ce dernier passage n'eût été perdu dans le trop long exposé des recherches de Davy, et noyé dans les détails d'une foule d'expériences sans intérêt, la création de la méthode anesthésique n'aurait pas eu à subir un demi-siècle de retard. Mais cette observation passa entièrement inaperçue, et toute l'attention se porta sur les effets étranges produits par le protoxyde d'azote sur les facultés intellectuelles. Pendant plusieurs mois, on s'occupa beaucoup, en Angleterre, des effets physiologiques de ce gaz, qui reçut, à cette occasion, les noms de *gaz hilarant*, *gaz du paradis*, etc.

La réputation de l'*Institution pneumatique* commençait à se répandre, et Clifton était devenu le théâtre de nombreuses réunions. Les malades et les oisifs affluaient chez le docteur Beddoes ; la présence de Coleridge et de Southey ajoutait à ces réunions un attrait particulier, et Davy trouvait dans le commerce de ces deux poètes un heureux aliment à ses goûts littéraires. On voulut essayer, à Clifton, de connaître les phénomènes singuliers annoncés par Davy, et l'on se mit en devoir de répéter ses expériences. Coleridge et Southey se soumirent des premiers aux inhalations du gaz hilarant, et ils ont décrit leurs sensations dans quelques pièces de vers imprimées dans les œuvres de Coleridge. Plusieurs autres personnes éprouvèrent aussi les effets indiqués par le chimiste de Bristol ; mais quelques-unes ne ressentirent que des impressions douloureuses, d'autres n'éprouvèrent absolument rien.

Ces expériences furent répétées en même temps dans plusieurs autres villes de l'Angleterre ! Ure, Tennant et Underwood éprouvèrent les mêmes sensations que Davy.

En France, les mêmes essais furent moins heureux. Proust et Vauquelin, Orfila et Thenard, ne ressentirent que des impressions douloureuses, qui allèrent même jusqu'à menacer leur vie.

Une société de médecins et d'amateurs se forma à Toulouse pour répéter en grand les expériences de Davy. Les résultats très-divers qui furent obtenus mirent hors de doute la différence des effets physiologiques produits par ce gaz selon les dispositions individuelles.

Deux séances furent consacrées à ces essais. Dans la première, six personnes respirèrent le gaz, et douze dans la seconde. Voici le résumé des procès-verbaux tenus à cette occasion :

Première séance. — Le premier sujet a perdu connaissance dès la troisième inspiration : il a fallu le soutenir pendant cinq minutes ; il s'est levé ensuite très-fatigué et ne se rappelant avoir éprouvé autre chose qu'une défaillance subite et un battement dans les tempes.

Le second sujet a trouvé que le gaz possédait une saveur sucrée et en même temps styptique ; il a ressenti beaucoup de chaleur dans la poitrine ; ses veines se sont gonflées, son pouls s'est accéléré, les objets paraissaient tourner autour de lui.

Le troisième n'a senti la saveur sucrée qu'à la première inspiration ; il a ensuite éprouvé de la chaleur dans la poitrine et une vive sensation de plaisir ; après avoir abandonné la vessie, il a été pris d'un violent accès de rire.

Le quatrième a conservé l'impression de la saveur sucrée pendant quatorze heures ; il a eu des vertiges, ses jambes sont restées *avinées*.

Le cinquième, en quittant la vessie, a éprouvé des éblouissements, puis une sensation de plaisir s'est répandue dans tout son corps ; il a eu les jambes avinées.

Le sixième a conservé toute la journée la saveur douce du gaz ; il a eu des tintements d'oreilles, une pesanteur d'estomac et les jambes avinées. Au total, ce qu'il a ressenti lui a paru plus pénible qu'agréable.

Seconde séance. — Douze personnes ont respiré le gaz, et plusieurs à deux reprises : quelques-unes l'avaient déjà respiré dans la première séance ; toutes, indistinctement, en ont été plus ou moins incommodées. M. Dispan, qui dirigeait la séance, décrit ainsi ce qu'il éprouva lui-même : « Dès la première inspiration, j'ai vidé la vessie, une saveur sucrée a, dans l'instant, rempli ma bouche et ma poitrine tout entière, qui se dilatait de bien-être. J'ai vidé mes poumons et les ai remplis encore ; mais à la troisième reprise, les oreilles m'ont tinté, et j'ai abandonné la vessie. Alors, sans perdre précisément connaissance, je suis demeuré un instant promenant les yeux dans une espèce d'étourdissement sourd, puis je me suis pris, sans y penser, d'éclats de rire tels que je n'en ai jamais fait de ma vie. Après quelques secondes, ce besoin de rire a cessé tout d'un coup, et je n'ai plus éprouvé le moindre symptôme. Ayant réitéré l'épreuve dans la même séance, je n'ai plus éprouvé le besoin de rire. Je n'aurais fait que tomber en syncope, si j'eusse poussé l'expérience plus loin.

Des essais du même genre furent répétés à la même époque par beaucoup d'autres savants, et l'on put se convaincre ainsi que les effets physiologiques du protoxyde d'azote variaient selon les individus. Aux États-Unis, M. Mitchell et plusieurs autres personnes respirèrent le gaz hilarant : ils furent frappés, comme Davy, de sa propriété d'exciter le rire et de procurer une sensation générale agréable. En Suède, Berzelius ne remarqua rien autre chose que la saveur douce du gaz. À Kiel, Pfaff et plusieurs de ses élèves confirmèrent les résultats obtenus par Davy. L'une des personnes qui l'avaient respiré, dit Pfaff, fut enivrée très-vite et jetée dans une extase extraordinaire et des plus agréables ; quelques-unes résistèrent davantage. Le professeur Würzer ressentit seulement de la gêne dans la poitrine et un sentiment de compression sur les tempes. Plusieurs de ses auditeurs qui essayèrent, à son exemple, de respirer le gaz, eurent des sensations assez différentes, mais tous accusèrent une gaieté insolite suivie quelquefois d'un tremblement nerveux. Ces résultats contradictoires peuvent s'expliquer en partie par l'impureté du protoxyde d'azote dont on faisait usage. La décomposition de l'azotate d'ammoniaque, à laquelle on avait recours pour la préparation de ce gaz, peut en effet donner naissance à quelques produits étrangers, et notamment à de l'acide hypoazotique, dont l'action irritante et suffocante rend compte de certains effets d'asphyxie partielle observés dans ces circonstances.

À dater de ce moment, les inhalations gazeuses devinrent une sorte de mode dans les cours publics et dans les laboratoires de chimie. Mais le gaz hilarant pouvait exposer aux divers accidents mentionnés plus haut ; on chercha donc à le remplacer par un autre gaz qui, tout en jouissant de propriétés analogues, fût exempt de ces dangers. Il serait fort difficile de dire comment et à quelle époque se présenta l'idée de substituer au gaz hilarant les vapeurs d'éther sulfurique ; il est certain néanmoins que quelques années après, les élèves de chimie dans les cours publics, les apprentis dans les laboratoires des pharmacies, étaient dans l'habitude de respirer les vapeurs d'éther, comme objet d'amusement, ou pour se procurer cette ivresse d'une nature si spéciale qu'amenait l'inspiration du protoxyde d'azote. La tradition qui confirme cette pratique est encore vivante en Angleterre et aux Etats-Unis[8].

Elle est d'ailleurs mise hors de doute par un article imprimé en 1815 dans le *Quarterly Journal of Sciences*, attribué à M. Faraday. Il est dit dans cet article, que si l'on respire la vapeur d'éther mêlée d'air atmosphérique, dans un flacon muni d'un tube, on éprouve des effets semblables à ceux qui sont occasionnés par le protoxyde d'azote ; l'action, d'abord exhilarante, devient plus tard stupéfiante. L'auteur ajoute que ce dernier effet peut devenir grave sous l'influence de l'éther, et il cite l'exemple d'un *gentleman* qui, pour s'être soumis à son action, tomba dans une léthargie qui se prolongea pendant trente heures et menaça sérieusement sa vie.

Ainsi les propriétés enivrantes et stupéfiantes du protoxyde d'azote étaient connues depuis le commencement de notre siècle, et l'on savait, en outre, que les vapeurs d'éther jouissent de la même action physiologique. Ces faits étaient si bien établis, que les élèves des laboratoires se faisaient un jeu des inhalations éthérées. En outre, Humphry Davy avait signalé la propriété remarquable dont jouit le gaz hilarant, d'abolir la douleur physique, et il avait proposé de s'en servir dans les opérations chirurgicales. Les éléments d'une grande découverte commençaient donc à se rassembler. Que fallait-il faire pour hâter ses progrès ? Soumettre à l'expérience l'idée émise à titre de proposition par Humphry Davy, c'est-à-dire administrer le protoxyde d'azote dans une opération chirurgicale. C'est ce que fit Horace Wels, et c'est pour cela que le nom du dentiste de Hartford doit être inscrit après celui de Davy sur la liste des hommes qui ont concouru à la création de la méthode anesthésique.

CHAPITRE III

EXPÉRIENCE D'HORACE WELS À L'HÔPITAL DE BOSTON AVEC LE GAZ HILARANT. — ESSAIS DE CHARLES JACKSON. — ENTREVUE DE JACKSON ET DU DENTISTE WILLIAM MORTON. — PREMIERS EMPLOIS DE L'ÉTHER COMME AGENT ANESTHÉSIQUE.

Horace Wels exerçait sa profession à Hartford, petite ville du comté de Connecticut. Il avait résidé quelque temps dans la capitale des États-Unis, à Boston, comme associé du dentiste William Morton. Mais l'association n'avait pas prospéré, et il avait dû retourner dans sa ville natale. C'est là qu'au mois de novembre 1844, il lui vint à l'esprit de vérifier le fait énoncé par Davy, relativement à l'abolition de la douleur par les inhalations du protoxyde d'azote. Il fit sur lui-même le premier essai : il respira ce gaz ; une fois sous son influence, il se fit arracher une dent, et ne ressentit aucune douleur. À la suite de cet essai favorable, il pratiqua la même opération sur douze ou quinze personnes avec un succès complet. Horace Wels assure même qu'il employa dans le même but l'éther sulfurique ; mais ce composé lui parut exercer sur l'économie une action trop énergique ; sur les conseils du docteur Marcy, il renonça, s'il faut l'en croire, à en faire usage, et il s'en tint au gaz hilarant.

Assuré de l'efficacité de ce moyen préventif de la douleur, Horace Wels partit pour Boston, dans l'intention de faire connaître sa découverte à la Faculté de médecine. En arrivant à Boston, il se rendit chez son ancien associé Morton, et lui fit part de ce qu'il avait observé. Il vit le même jour le docteur Jackson, qu'il instruisit des mêmes faits. Il se rendit ensuite, accompagné de Morton, chez un professeur de la Faculté, le docteur Georges Hayward, et lui proposa d'employer le gaz hilarant dans l'une de ses prochaines opérations. M. Hayward accepta cette offre avec empressement : seulement aucune opération ne devait avoir lieu à l'hôpital avant deux ou trois jours ; trouvant ce délai trop long, Horace Wels et Morton allèrent trouver un autre professeur, le docteur Charles Warren. Celui-ci accepta la proposition sans difficulté : « Tenez, leur dit-il, cela se rencontre à merveille ; nos élèves se réunissent ce soir à l'hôpital pour s'amuser à respirer de l'éther. Vous profiterez de l'occasion, et vous trouverez là des spectateurs tout prêts pour une expérience publique. Préparez donc votre gaz, et rendez-vous à l'amphithéâtre. Nous ferons l'essai sur un malade à qui l'on doit extraire une dent. »

Tout se passa comme il avait été dit. Le soir venu, Morton prit ses instruments, et se rendit avec son confrère à la salle des opérations. Les élèves étaient déjà réunis depuis longtemps. Horace Wels administra le gaz au malade, et se mit en devoir d'arracher la dent. Mais par suite de la variabilité d'action du protoxyde d'azote, ou par l'effet de sa mauvaise préparation, le gaz ne produisit aucun résultat ; le patient poussa des cris, les spectateurs se mirent aussitôt à rire et à siffler, et la séance se termina à la confusion du malheureux opérateur.

Fig. 341. — Expérience d'Horace Wels, pour l'extraction d'une

dent, après l'inspiration du protoxyde d'azote, faite devant les élèves de l'hôpital de Boston.

Horace Wels se retira le cœur serré. Le lendemain il fit remettre à Morton ses instruments, et repartit pour Hartford. Le triste résultat de cette expérience et le chagrin qu'il éprouva de son échec lui occasionnèrent une grave maladie. Revenu à la santé, il abandonna sa profession de dentiste et se mit à diriger une exposition d'oiseaux.

Ce n'est que deux ans après cette époque que le nom du docteur Jackson apparaît pour la première fois dans l'histoire de l'éthérisation. Reçu docteur en médecine à l'université de Harward en 1829, Charles Jackson avait été de bonne heure attiré en Europe par le désir d'y perfectionner ses connaissances. Il avait séjourné quelques années à Paris et à Vienne, s'occupant de l'étude des sciences accessoires à la médecine, et particulièrement de géologie et de chimie. De retour à Boston, il ne tarda pas à abandonner la médecine pour se consacrer tout entier à des travaux de chimie analytique et de géologie. Les belles recherches qu'il exécuta sur la géologie de plusieurs contrées des États-Unis le firent bientôt distinguer dans cette partie des sciences, et sa réputation parvint jusqu'en Europe, où il était connu comme le plus habile des géologues américains. Nommé inspecteur des mines du Michigan, il ouvrit à Boston des cours publics de chimie, et il recevait dans son laboratoire un certain nombre d'élèves qui s'exerçaient, sous sa direction, aux travaux de chimie.

Les expériences de Davy sur le gaz hilarant, les tentatives d'Horace Wels pour tirer parti des propriétés de ce gaz, enfin la connaissance généralement répandue en Amérique de l'ivresse particulière occasionnée par les vapeurs d'éther, amenèrent Charles Jackson à examiner de plus près ces faits, dont l'importance était facile à comprendre. Il essaya sur lui-même l'action de l'éther, et reconnut ainsi que son inspiration, faite avec les précautions nécessaires, ne s'accompagne d'aucun danger. En effet, bien avant qu'il songeât à s'occuper de cette question, l'ivresse amenée par l'éther sulfurique était, comme nous l'avons dit, généralement connue en Amérique, mais elle était regardée comme dangereuse. Des jeunes gens qui, dans les laboratoires de chimie, avaient respiré trop longtemps les vapeurs d'éther, en avaient éprouvé des résultats fâcheux. Le docteur Mitchell rapporte qu'à Philadelphie, quelques enfants, ayant versé de l'éther dans une vessie, la plongèrent dans l'eau chaude pour vaporiser l'éther et respirèrent la vapeur qui se forma ; il en résulta de graves accidents, et la mort même en fut la suite. Ces faits étaient loin d'être isolés, et le danger attaché aux inhalations de l'éther était unanimement reconnu par les chimistes et les médecins américains. Or, dans l'expérience qu'il fit sur lui-même en 1842, Jackson eut occasion de se convaincre que les accidents observés dans ces circonstances ne devaient se rapporter qu'à l'oubli de quelques précautions indispensables, et que les vapeurs d'éther peuvent être respirées sans inconvénient quand on les mélange d'une certaine quantité d'air atmosphérique. En même temps il reconnut beaucoup mieux qu'on ne l'avait fait avant lui le caractère de l'ivresse amenée par l'éther, son peu de durée et l'insensibilité qui l'accompagne.

Dans une lettre à M. Joseph Abbot, le docteur Jackson rapporte ainsi l'expérience qui le conduisit à ces observations fondamentales :

« L'expérience qui me fit conclure que l'éther sulfurique produisait l'insensibilité fut faite de la manière suivante : Je pris une bouteille d'éther sulfurique purifié que j'avais dans mon laboratoire ; j'allai dans mon cabinet, je versai de cet éther sur un morceau de linge, et, l'ayant pressé légèrement, je m'assis dans une berceuse. Ayant appuyé ma tête en arrière sur la berceuse, je posai mes pieds sur une chaise, de manière que je me trouvasse dans une position fixe ; je plaçai alors le morceau de toile sur ma bouche et sous mes narines, et je commençai à respirer l'éther. Les effets que je ressentis d'abord furent un peu de toux, puis de la fraîcheur, qui fut suivie d'une sensation de chaleur, il me vint bientôt de la douleur à la tête et dans la poitrine, des envies de rire et du vertige. Mes pieds et mes jambes étaient engourdis et insensibles ; il me semblait que je flottais dans l'air ; je ne sentais plus la berceuse sur laquelle j'étais assis. Je me trouvai, pendant un espace de temps que je ne puis définir, dans un état de rêverie et d'insensibilité. Lorsque je revins, j'avais toujours du vertige, mais point d'envie de me mouvoir. La toile qui contenait l'éther était tombée de ma bouche ; je n'avais plus de douleur dans la poitrine ni dans la gorge ; mais je ressentis bientôt un tremblement inexprimable dans tout le corps ; le mal de gorge et de poitrine revint bientôt, cependant avec moins d'intensité qu'auparavant.

« Comme je ne m'étais plus aperçu de la douleur, non plus que des objets extérieurs, peu de temps avant et après que j'eus perdu connaissance, je conclus que la paralysie des nerfs de la sensibilité serait si grande, tant que durerait cet état, que l'on pourrait opérer un malade soumis à l'influence de l'éther sans qu'il ressentît la moindre douleur. Me fiant là-dessus, je prescrivis l'emploi de l'éther, persuadé que l'expérience serait couronnée de succès[9]. »

Fig. 342. — Jackson expérimente sur lui-même l'action de l'éther sulfurique.

Déjà, avant cette époque, M. Jackson avait respiré quelquefois les vapeurs d'éther, non pas à titre d'agent préventif de la douleur, mais simplement comme remède antispasmodique, car ce moyen était déjà en usage depuis plusieurs années chez les médecins des États-Unis. Ayant eu un jour recours à l'éther pour combattre un rhume violent, accompagné d'une constriction pénible des poumons, il prolongea les inspirations plus qu'à l'ordinaire et ressentit quelques effets d'insensibilité. Il est probable que ce fut là le fait qui lui donna l'idée d'examiner de plus près l'action de l'éther sur l'économie. Au reste, ce dernier point est encore assez obscur par suite des explications tout à fait insuffisantes fournies par M. Jackson sur les circonstances qui l'ont amené, à reconnaître l'action stupéfiante de l'éther.

On peut donc résumer dans les termes suivants, la part qui revient au chimiste américain dans la découverte de la méthode anesthésique : Jackson établit beaucoup mieux qu'on ne l'avait fait avant lui, la nature de l'ivresse éthérée, et mit à peu près hors de doute ce fait capital, assez vaguement aperçu jusque-là, qu'une insensibilité générale ou locale est la conséquence de cet état particulier de l'économie ; il reconnut, en outre, le temps très-court, nécessaire pour amener cette ivresse, la rapidité avec laquelle elle disparaît et le peu de danger qui l'accompagne. On ne peut nier que la découverte de la méthode anesthésique ne se trouvât contenue presque tout entière dans l'application de ces faits.

Tout nous montre cependant que ces idées étaient loin, à cette époque, de se présenter à l'esprit du docteur Jackson avec la simplicité et l'évidence que nous leur prêtons ici. Quatre années se passèrent sans qu'il songeât à les soumettre à un examen plus sérieux. La possibilité de tirer parti de l'éther dans les opérations chirurgicales existait donc dans sa pensée plutôt comme opinion théorique que comme vérité expérimentalement établie. Rien ne lui était plus facile, s'il en eût été autrement, que de vérifier ses prévisions en administrant l'éther, à un malade soumis à quelque opération chirurgicale. Il n'en fit rien, et se borna, quatre ans après, à indiquer, à titre de simple conseil, l'éther comme propre à faciliter l'exécution d'une opération de faible importance.

Au mois de février 1846, un de ses élèves, Joseph Peabody, souffrait d'un mal de dents, et, redoutant la douleur, voulait se faire magnétiser avant l'opération. Le docteur Jackson lui parla de l'éther sulfurique comme d'un agent utile pour détruire la sensibilité ; il lui donna même les instructions nécessaires pour purifier ce li-

quide et pour le respirer. L'élève promit de s'en servir, et, de retour dans son pays, il commença, en effet, à distiller de l'éther dans
cette intention ; mais ayant trouvé, dans les ouvrages qu'il consulta,
toutes les autorités contraires à l'idée de son maître, il renonça à
son projet.

Six mois après, le docteur Jackson trouva un expérimentateur
plus docile. Ce fut le dentiste William Morton.

Une polémique très-animée s'est élevée entre Morton et Jackson,
à propos de la découverte de l'anesthésie. Les deux adversaires ont
échangé un grand nombre de lettres et deux ou trois brochures
destinées à défendre leurs droits respectifs à la priorité de cette
invention. Par les soins des deux parties, une enquête minutieuse
a été ouverte, et selon l'usage américain, on a produit des deux
côtés un grand nombre de témoignages assermentés (*affidavit*). La
comparaison attentive de ces divers documents permet de fixer le
rôle que chacun d'eux a joué dans cette grande affaire. Il est parfaitement établi pour nous, en dépit de ses assertions contraires, que
Morton ne savait pas le premier mot de la question de l'anesthésie,
lorsque, le 1er septembre 1846, le docteur Jackson lui communiqua, dans une conversation, toutes ses idées à cet égard. Comme
l'entretien de Jackson et de Morton est, au point de vue historique,
d'une importance capitale, on nous permettra de le rapporter ; il
est facile de le rétablir, grâce aux dépositions assermentées qui en
ont consigné les termes.

Le 1er septembre 1846, le docteur Jackson travaillait dans son laboratoire avec deux de ses élèves, George Barnes et James Mac-
Intyre, lorsque William Morton entra dans la salle et demanda
qu'on voulût bien lui prêter un petit sac de gomme élastique.

— Il vient de m'arriver, dit-il, une dame fort timorée, qui redoute
beaucoup la douleur et qui demande à être magnétisée avant l'opération. Je crois qu'en remplissant un sac d'air atmosphérique et lui
faisant respirer cet air, j'agirai sur son imagination et pourrai pratiquer mon opération tout à mon aise.

Ayant reçu de M. Jackson le sac de gomme élastique, Morton demanda comment il devait s'y prendre pour le gonfler.

— Tout simplement, dit Jackson, avec la bouche ou bien avec un
soufflet. Mais, continua le docteur, votre projet me paraît bien ab-

surde, monsieur Morton ; votre malade ne se laissera pas tromper si niaisement, et vous n'aboutirez qu'à vous rendre ridicule.

— Je ne vois pas cela, reprit Morton ; je crois, au contraire, que mon sac bien gonflé d'air aura une apparence formidable, et que je ferai ainsi accroire à ma cliente tout ce qu'il me plaira.

En disant ces mots, il mit le sac sous son bras, et le pressant plusieurs fois avec le coude, il montrait de quelle manière il se proposait d'agir.

— Si je peux seulement réussir à lui faire ouvrir la bouche, je réponds d'arracher sa dent. Ne connaissez-vous pas la puissance des effets de l'imagination ? Et n'est-il pas vrai qu'un homme est mort par le seul effet de sa frayeur, lorsque, après avoir légèrement piqué son bras pour simuler une saignée, on y fit couler un filet d'eau chaude ? Comme il se mettait à raconter les détails de ce fait, Jackson l'interrompit :

— Allons donc, monsieur Morton ! je ne pense pas que vous ajoutiez foi à de pareilles histoires. Renoncez à cette idée ; vous ne réussirez qu'à vous faire dénoncer comme imposteur.

Il y eut ici une pause de quelques instants. Le docteur reprit alors :

— Ne pourriez-vous essayer sur votre malade le gaz hilarant de Davy ?

— Sans doute, répondit Morton. Je connais les propriétés de ce gaz, car j'assistais à l'expérience d'Horace Wels. Mais pourrai-je réussir moi-même à le préparer ?

— Non, répondit le docteur ; vous ne sauriez vous passer de l'assistance d'un chimiste. Vous n'obtiendriez, sans cela, qu'un gaz impur, et vous n'aboutiriez qu'à une déconvenue, comme il arriva à ce pauvre diable d'Horace.

— Mais, vous-même, docteur, dit Morton, ne pourriez-vous avoir la bonté de me préparer un peu de ce gaz ?

— Non, j'ai d'autres affaires.

— Au fait, dit Morton terminant l'entretien je m'en soucie peu. Je vais toujours me servir du sac.

Et, sur ces dernières paroles, il se dirigea vers la porte et sortit, balançant à la main son sac de caoutchouc.

Pendant qu'il s'éloignait, Jackson se ravisa. L'occasion lui parut

bonne sans doute pour tenter une expérience décisive ; l'insou-
cieux et entreprenant dentiste convenait parfaitement pour un essai de cette nature dont l'issue pouvait devenir fâcheuse et dont il
redoutait pour lui-même les conséquences et la responsabilité. Il
sortit du laboratoire et rappela Morton, qui se trouvait déjà dans la
rue. Ils rentrèrent tous les deux dans le laboratoire.

— Écoutez, Morton, dit le docteur, j'ai quelque chose de mieux
à vous proposer. J'ai depuis longtemps une idée en tête, et vous
êtes l'homme qu'il faut pour la mettre à exécution. Allez de ce pas
chez l'apothicaire Burnett, et achetez une once d'éther sulfurique.
Prenez surtout l'éther le plus pur, c'est-à-dire celui qui a été rectifié
par une seconde distillation, versez-en un peu sur un mouchoir,
et faites-le respirer à votre malade. Au bout de quatre ou cinq minutes, vous obtiendrez une insensibilité complète.

— De l'éther sulfurique ! dit Morton. « Qu'est-ce que cela ? Est-ce
un gaz ? En avez-vous un peu ? Montrez-m'en, je vous prie[10].

Le docteur Jackson alla prendre dans une armoire un flacon
d'éther et le montra au dentiste, qui se mit à l'examiner comme s'il
n'en avait jamais vu.

— Votre liquide, dit-il, a une singulière odeur. Mais êtes-vous
bien convaincu que j'obtiendrai l'effet dont vous parlez, et que les
malades ne peuvent courir aucun risque ? Jackson répondit du
succès, et à l'appui de l'innocuité de l'expérience, il rappela que les
écoliers du collège de Cambridge, qui étaient dans l'habitude de
respirer l'éther par amusement, ne s'en étaient jamais trouvés in-
commodés.

Morton ne paraissait nullement rassuré, et son interlocuteur faisait tous ses efforts pour le persuader.

— Je crains fort, disait le dentiste, d'incommoder ma cliente.

— N'ayez aucune crainte, répondait Jackson ; j'ai fait cette expérience sur moi-même. Après une douzaine d'inspirations, votre
malade s'affaissera sur sa chaise et tombera dans une insensibilité
absolue. Vous en ferez alors tout ce que vous voudrez.

Les deux élèves de Jackson, George Barnes et James Mac-Intyre,
s'étaient rapprochés dans cet intervalle, et écoutaient la conversation. Morton s'adressa à l'un d'eux :

— Croyez-vous, Mac-Intyre, que cette expérience soit sans danger, et oseriez-vous la tenter sur vous-même ?

— Certainement, répondit l'élève.

— Mais, reprit alors Jackson, il y a un moyen bien simple de vous convaincre du peu de danger de cette expérience. Enfermez-vous dans votre cabinet, versez de l'éther sur un mouchoir et respirez-le pendant quelques minutes, vous ne tarderez pas à ressentir les effets que je vous annonce. Tenez, ajouta-t-il, cela vaudra mieux encore : prenez ce petit appareil, l'inspiration des vapeurs sera plus facile.

Et il lui remit un flacon de Wolf à deux ouvertures, muni de ses tubes de verre.

— C'est bien, répondit Morton ; je vais tout de suite en faire l'essai.

Le dentiste se rendit du même pas à la pharmacie de Burnett et acheta une once d'éther sulfurique. Il rentra chez lui, s'enferma dans son cabinet, et, s'il faut l'en croire, il fit sur lui-même l'expérience.

« Assis dans le fauteuil d'opérations, je commençai, dit Morton, à respirer l'éther. Je le trouvai tellement fort, qu'il me suffoqua en partie ; mais il produisit un effet décidé. J'en saturai mon mouchoir, et je l'inhalai : Je regardai ma montre ; je perdis bientôt connaissance. En revenant à moi, je sentis de l'engourdissement dans mes jambes, avec une sensation semblable à un cauchemar. J'aurais donné le monde entier pour que quelqu'un vînt me réveiller. Je crus un moment que j'allais mourir dans cet état et que le monde ne ferait que me prendre en pitié ou tourner en ridicule ma folie. À la fin, je sentis un léger chatouillement de sang à l'extrémité de mon doigt, et je m'efforçai de le toucher avec le pouce, maïs sans succès. Un deuxième effort m'amena à le toucher, mais sans éprouver aucune sensation. Peu à peu je me trouvai solide sur mes jambes, et je me sentis revenu entièrement à moi ; je regardai sur-le-champ à ma montre, et je calculai que j'étais demeuré insensible l'espace de sept ou huit minutes [11]. »

Heureux de son succès, Morton s'empressa de l'annoncer aux personnes employées dans sa maison, et il attendit avec une impatience facile à comprendre qu'un malade voulût bien se prêter à une expérience plus complète.

L'occasion s'offrit le soir même. À 9 heures, un habitant de Boston, nommé Eben Frost, se présenta chez lui souffrant d'un violent mal de dents, mais craignant la douleur et désirant être magnétisé pour ne rien sentir.

— J'ai mieux que cela, dit Morton.

Il versa de l'éther sur son mouchoir et le fit respirer à son client. Celui-ci ne tarda pas à perdre connaissance. Un de ses confrères, le docteur Hayden, qui avait voulu être témoin de l'expérience, tenait une lampe pour éclairer l'opérateur. Morton prit ses instruments et arracha une dent barrée qui tenait par de fortes racines. La figure du patient ne fit pas un pli. Au bout de deux minutes il se réveilla et vit sa dent par terre. Il n'avait ressenti aucune douleur et ne pouvait se rendre compte de rien. Il demeura encore vingt minutes dans le cabinet du dentiste, et sortit parfaitement remis, après avoir signé un certificat constatant le fait.

Morton était transporté de joie. Le lendemain il courut chez Jackson pour lui raconter l'événement : il ne pensait pas encore à réclamer pour lui seul la pensée de l'invention ; il ne voulait pas encore être la tête d'une découverte dont il n'avait été que le bras.

Jackson ne parut pas surpris le moins du monde.

« Je vous l'avais dit, répondit-il sans s'émouvoir davantage.

Ils commencèrent alors à s'entretenir des moyens de poursuivre les applications d'un procédé si remarquable et si nouveau.

— Je vais, dit Morton, employer l'éther avec toutes les personnes qui se présenteront à mon cabinet.

— Voilà qui est parfait, dit Jackson, mais cela ne suffit point. Allez, sans plus tarder, chez le docteur Warren, chirurgien de l'hôpital général ; faites-lui part de ce que vous avez fait, et proposez-lui d'employer l'éther dans une opération sérieuse. Personne ne croirait à la valeur de ce procédé, si l'on se bornait à l'employer pour une opération aussi simple que celle d'une extraction de dent. Il arrive souvent que les malades n'éprouvent aucune douleur, si cette opération est faite avec promptitude et par un tour de main adroit. On mettrait donc le défaut de sensibilité sur le compte de l'imagination. Il faut donner au public une démonstration tout à fait sans réplique. »

Le dentiste faisait beaucoup d'objections pour se rendre à l'hôpital.

« Mais si nous allons faire à l'hôpital une expérience publique, tout le monde reconnaîtra l'odeur de l'éther, et notre découverte sera aussitôt divulguée. Ne pourrait-on pas ajouter à l'éther quelque arôme étranger qui en dissimulât l'odeur ?

— Oui, répondit Jackson en riant, quelque essence française, comme l'essence de roses ou de néroli. Après l'opération, le malade exhalera un parfum de roses, et le public ne saura plus que penser. Mais sérieusement, ajouta Jackson, croyez-vous que j'aie l'intention de faire à mon profit le monopole d'une découverte pareille ? Détrompez-vous. Ce que je vous ai communiqué, je l'annoncerai a tous mes confrères. »

Morton se décida enfin à se rendre à l'hôpital. Il vil le docteur Warren, et lui raconta son opération de la veille ; seulement il ne dit pas un mot de la part que M. Jackson avait eue dans la découverte, et s'en attribua tout l'honneur. Acceptant avec empressement la proposition du dentiste, le docteur Warren promit de saisir la première occasion qui s'offrirait d'employer l'éther dans une opération chirurgicale.

En attendant, Morton continua d'administrer l'éther aux clients qui se présentaient chez lui. Pour son second essai, il éthérisa un petit garçon qui ressentit un peu de malaise et éprouva quelques vomissements. On fut obligé de ramener le petit malade en voiture ; la famille s'alarma, et un médecin déclara qu'on l'avait empoisonné. Les parents étaient furieux, on parlait d'attaquer le dentiste devant les tribunaux ; le succès de nouvelles opérations, dont le bruit commençait à se répandre dans la ville, calma heureusement cette émotion.

Cependant le moment approchait où l'expérience décisive devait s'accomplir à l'hôpital de Boston. Morton employa cet intervalle à faire construire, avec l'assistance de M. Gould, médecin versé dans les connaissances chimiques, un appareil très-convenable pour l'administration des vapeurs éthérées. C'était un flacon contenant une éponge imbibée d'éther, muni de deux tubulures et portant deux soupapes inversement placées pour donner un accès à l'air et une issue à la vapeur.

Louis Figuier

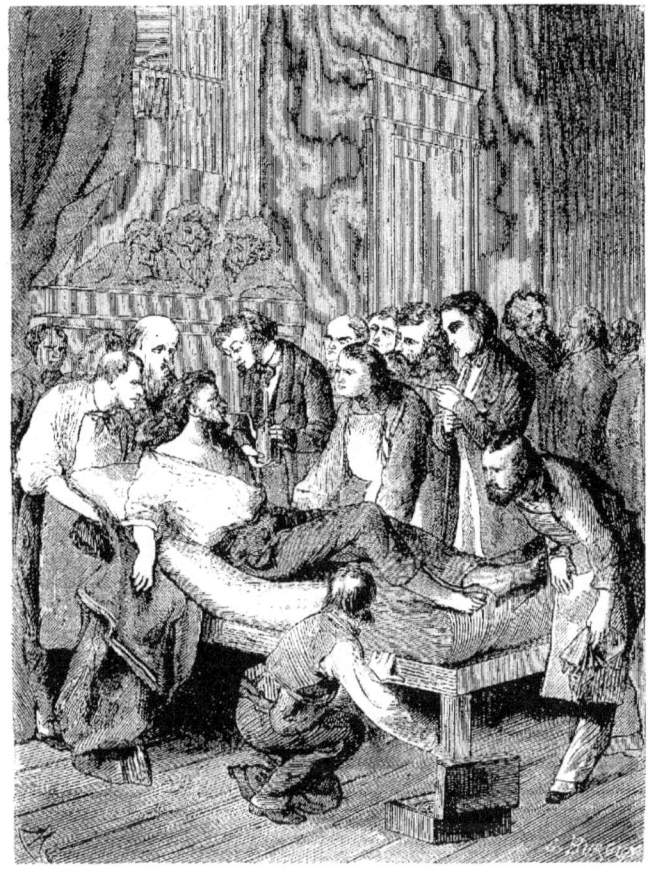

Fig. 343. — Morton fait la première application de l'éther
sulfurique pour uns opération chirurgicale, à l'hôpital de Boston.

C'est le 14 octobre 1846 que le docteur Warren exécuta cette expérience mémorable, en présence de tous les élèves de la Faculté
de médecine et d'un grand nombre de praticiens de Boston.
L'opération devait avoir lieu à 10 heures ; Morton se fit longtemps
attendre. Il entra enfin au moment où le chirurgien, n'espérant
plus le voir arriver, allait procéder à l'opération ; il tenait à la main
l'appareil que le fabricant venait seulement de terminer. Quant au
docteur Jackson, il ne parut point : Morton avait été messager in-
fidèle ; il n'avait pas prévenu son confrère, qui était parti ce jour-là
pour les mines du Maryland.

CHAPITRE III

L'opération se fit avec un bonheur complet. Morton ayant appliqué le tube aspirateur sur la bouche du malade, l'insensibilité se manifesta au bout de trois minutes. Il s'agissait d'enlever une tumeur volumineuse du cou. Le chirurgien fit une incision de trois pouces, et commença à disséquer les tissus à travers les nerfs et les nombreux vaisseaux de cette région. Il n'y eut, de la part du patient, aucune expression de douleur ; seulement il commença, après les premiers coups de bistouri, à proférer des paroles incohérentes, et parut agité jusqu'à la fin de l'opération ; mais il déclara, en revenant à lui, n'avoir senti rien autre chose qu'une espèce de grattement. Des acclamations et des applaudissements retentirent aussitôt dans la salle, et les spectateurs se retirèrent en proie aux émotions les plus vives.

Le lendemain, une autre expérience fut exécutée dans le même hôpital, par le docteur Hayward, sur une femme qui portait une tumeur au bras. L'inspiration des vapeurs fut continuée pendant tout le temps de l'opération ; il n'y eut aucun signe de douleur ; quelques murmures se firent entendre à la fin de l'opération, mais, à son réveil, la malade les attribua à un rêve pénible qu'elle avait eu, et déclara n'avoir rien senti.

Le 7 novembre, le docteur Bigelow pratiqua, avec l'éther, une amputation de cuisse. Le même jour, il lut à la Société médicale de Boston un mémoire détaillé sur les faits précédents, et l'éthérisation fut dès ce moment une découverte publique et avérée.

La gloire d'avoir attaché son nom à une conquête scientifique aussi précieuse, et l'honneur qui lui revenait pour avoir hâté, par son heureuse audace, le moment de sa réalisation, ne suffirent point au dentiste William Morton. Il eut la triste pensée de monopoliser à son profit une découverte qui devait appartenir à l'humanité tout entière. Il voulut se placer sous la sauvegarde illibérale d'un brevet, et exiger une redevance de tous ceux qui voudraient jouir de ce bienfait nouveau ; ainsi il ne consentait à affranchir de la douleur que ceux qui auraient le moyen de payer ce privilège. Le docteur Jackson résista longtemps à cette prétention honteuse ; disons-le, cependant, il eut le tort de céder. M. Jackson allègue pour excuse qu'il ne consentit à laisser figurer son nom sur le brevet que pour maintenir ses droits à la priorité de l'invention. Le brevet qui leur fut délivré aux États-Unis représente, en effet, Jackson comme inventeur et Morton comme propriétaire, chargé d'exploiter la découverte. On est heureux, d'ailleurs, de trouver, dans des dépositions authentiques, les preuves du désintéressement de Jackson. Elles résultent du témoignage même de l'homme d'affaires de Morton, M. Eddy, qui fut chargé de solliciter le brevet. Dans son *affidavit*, M. Eddy raconte que lorsqu'il alla trouver M. le docteur Jackson pour le décider à demander le brevet, « il le trouva imbu de ces préjugés, vieux et abandonnés depuis longtemps, contre les brevets d'invention. » Il fit tous ses efforts pour combattre ses scrupules ; mais Jackson répondit « qu'il ne croyait pas qu'il fût compatible avec le principe des sciences libérales de monopoliser une découverte. » Lorsque, plus tard, Morton, persistant dans son dessein, envoyait dans toute l'étendue des États-Unis des agents chargés de vendre aux chirurgiens le droit d'employer l'éther, Jackson ne cessa de réclamer contre ces honteuses entraves. Il déclarait le brevet sans valeur et déplorait d'y voir son nom attaché. Il publia même une protestation contre le contrat qu'il avait si inconsidérément accepté, et, dans un entretien qu'il eut à ce sujet avec le président des États-Unis, il déclara combien il regrettait d'avoir cédé aux instances de son associé. Enfin, Morton lui ayant adressé un *bon* pour toucher une part de ses bénéfices, M. Jackson poussa le *préjugé* jusqu'à déchirer le mandat. Au mois de novembre, M. Eddy l'ayant informé qu'il tenait à sa disposition une somme assez considérable provenant de la même source, il refusa de l'accepter. Ainsi, la postérité n'oubliera pas que si, égaré mal à propos par sa sollicitude à maintenir ses droits d'inventeur, Jackson eut la faiblesse, de se mettre de moitié dans une mesure qui retarda pendant quelque temps la diffusion d'un bienfait public, du moins il fit tous ses efforts pour renverser les obstacles qu'il avait lui-même contribué à élever.

CHAPITRE IV

L'ÉTHÉRISATION EN EUROPE.

Boot, dentiste à Londres, reçut le 17 décembre 1846, une lettre de William Morton qui l'informait de la nouvelle découverte. Il s'empressa de la communiquer à l'un de ses confrères, Robinson, praticien distingué, qui fit construire aussitôt un appareil inhalateur parfaitement conçu. À l'aide de cet appareil, il administra l'éther à un de ses clients, qui subit sans douleur l'extraction d'une dent. Deux jours après, le 19 décembre, Liston pratiquait, à l'hôpital du collège de l'Université, une amputation de cuisse et un arrachement de l'ongle du gros orteil, sans que les malades eussent conscience de ces opérations. MM. Guthrie, Lawrence, Morgan, les deux neveux d'Astley Cooper, M. Ferguson, à l'hôpital du *King's College*, et M. Tattum, à l'hôpital Saint-George, répétaient, quelques jours après, les mêmes tentatives, qui cependant ne furent pas toutes heureuses.

Les expériences des chirurgiens anglais furent arrêtées pendant quelques jours par les réclamations d'un agent de Morton, qui parlait de secret et de brevet, et menaçait de poursuivre en justice ceux qui feraient usage, sans son autorisation, du procédé nouveau. Cependant les chirurgiens furent bientôt rassurés par les gens de loi ; on laissa dire l'agent des inventeurs, et l'on reprit avec une ardeur nouvelle l'étude des faits extraordinaires qui allaient produire dans la médecine opératoire une transformation si profonde.

À la même époque, un praticien éminent de la Faculté de Paris fut informé, par une lettre venue d'Amérique, de la découverte de Jackson ; mais on lui offrait seulement d'essayer et d'acheter le procédé, que l'on tenait secret. Velpeau refusa prudemment d'expérimenter sur ses malades, un agent dont on lui cachait la nature. C'est à Jobert (de Lamballe) que revient l'honneur d'avoir le premier constaté en France l'action stupéfiante de l'éther. Le 22 décembre, c'est-à-dire trois jours après le docteur Robinson, Jobert pratiqua, à l'hôpital Saint-Louis, avec l'assistance d'un jeune docteur américain, un premier essai qui toutefois n'eut aucun succès, par suite de la mauvaise disposition de l'appareil. Mais la même tentative, répétée deux jours après, réussît complètement.

Malgaigne, collègue de Jobert à l'hôpital Saint-Louis, s'empressa, de son côté, d'expérimenter l'éther dans son service chirurgical, et le 12 janvier 1847, il communiquait à l'Académie de médecine le résultat de ses observations. Il exposait les faits sur lesquels reposait la méthode américaine, et en fit connaître les procédés d'exécution. Sur cinq opérés, Malgaigne ne pouvait annoncer qu'un seul cas de réussite ; mais il attribuait cette circonstance à l'imperfection de l'appareil : des dispositions mieux entendues pour le tube inspirateur, devaient faire prochainement disparaître les causes d'insuccès.

Six jours après, Velpeau informa l'Académie des sciences des faits qui commençaient à occuper très-vivement les esprits. Cependant Velpeau ne parlait encore qu'avec une certaine défiance : il redoutait pour les malades l'effet stupéfiant de l'éther, et ne paraissait pas disposé à croire que l'insensibilité pût se prolonger assez longtemps pour permettre d'exécuter une opération d'une certaine importance. Mais tous ses doutes ne tardèrent pas à s'évanouir. À mesure que la construction des appareils se perfectionnait, les cas de résistance à l'action de l'éther devenaient plus rares. Velpeau, Roux, Jobert et M. Laugier, apportèrent à l'Académie des sciences des faits devant lesquels devaient disparaître toutes les hésitations.

Pour montrer avec quelle promptitude furent dissipées les appréhensions qui avaient accueilli les premiers résultats de la méthode américaine, nous rapporterons la communication pleine d'intérêt faite par Velpeau à l'Académie des sciences le 1ᵉʳ février 1847. Voici en quels termes ce chirurgien parlait d'une découverte qu'il avait accueillie, quinze jours auparavant, avec tant de réserve :

« Dans deux autres séances, dit Velpeau, en entretenant l'Académie de l'effet des vapeurs éthérées sur des malades qu'on veut opérer, j'ai fait remarquer que la chirurgie ne tarderait pas à savoir à quoi s'en tenir sur la réalité des faits annoncés. Lundi dernier, la question était déjà assez avancée pour m'autoriser à dire qu'elle me paraissait pleine d'avenir : aujourd'hui les observations se sont multipliées de toutes parts, en France, comme en Angleterre, comme en Amérique ; de toutes parts aussi, les faits, confirmés les uns par les autres, deviennent d'un intérêt immense.

« J'avais émis la pensée que le relâchement des muscles observé par moi sur un premier malade soumis à l'inhalation de l'éther deviendrait utile s'il était possible de le reproduire à volonté, pour la réduction de certaines fractures ou de certaines luxations. Je trouvai à l'hôpital de la Charité, le lendemain même du jour où je manifestais cet espoir, un homme jeune, robuste, vigoureux, fortement musclé, qui était atteint d'une fracture de la cuisse droite. Naturellement exalté, très-impressionnable, cet homme se livrait malgré lui à des contractions presque convulsives dès qu'on tentait de le toucher pour redresser ses membres. Soumis à l'inhalation de l'éther, il tomba bientôt dans une sorte d'ivresse, avec agitation des sens et loquacité. La sensibilité s'éteignit chez lui au bout de cinq minutes ; les muscles se relâchèrent, et nous pûmes redonner à sa cuisse la longueur et la forme désirables, sans qu'il eût paru souffrir ou s'en apercevoir.

« Le jour suivant, j'eus à opérer un homme également vigoureux et fort d'une tumeur qu'il avait au-dessous de l'oreille gauche, et qui pénétrait dans le creux de la région parotidienne. Cette région, remplie de nerfs, de vaisseaux et de tissus filamenteux ou glanduleux très-serrés, est une de celles (tous les chirurgiens le savent) où les opérations occasionnent le plus de douleur. Soumis à l'action de l'éther, le malade est tombé dans l'insensibilité au bout de trois minutes ; l'opération était à moitié pratiquée sans qu'il eût fait de mouvement ni proféré de cris. Il s'est mis ensuite à parler, à vouloir se remuer, à nous prier d'ôter notre *camphre qui le gênait*, mais sans avoir l'air de songer à ce que je faisais. Une fois l'opération terminée, il est rentré peu à peu dans son bon sens, et nous a expliqué comme quoi il venait de faire un rêve dans lequel il se croyait occupé à une partie de billard, l'agitation, les paroles que nous avions remarquées, tenaient, nous a-t-il dit, aux nécessités de son jeu, et surtout à ce que quelqu'un venait de lui enlever un cheval laissé à la porte pendant qu'il achevait sa partie. Quant à l'opération, il ne l'avait sentie en aucune façon, il ne s'en était point aperçu ; seulement, en invoquant ses souvenirs et ses sensations, il nous a soutenu qu'il entendait très-bien mes coups de bistouri, qu'il en distinguait le cric crac, mais qu'il ne les sentait point, qu'ils ne lui causaient aucune douleur.

« Une malheureuse jeune femme accouchée depuis six semaines, entre à l'hôpital pour un vaste dépôt dans la mamelle. Ce dépôt ayant besoin d'être largement incisé, je propose à la malade de la soumettre préalablement aux inhalations de l'éther ; elle s'y soumet comme pour essayer, et en quelque sorte sans intention d'aller jusqu'au bout, Il lui suffit, en réalité, de quatre ou cinq inspirations de moins d'une minute pour perdre la sensibilité, sans agitation, sans réaction préalable. Son visage se colore légèrement, ses yeux se ferment ; je lui fends largement le sein, sans qu'elle manifeste le plus léger signe de douleur ; une minute après elle ouvre les yeux, semble sortir d'un sommeil léger, paraît un peu émue, et nous dit : *Je suis bien fâchée que vous ne m'ayez pas fait l'opération.* Au bout de quelques secondes elle a repris ses sens, voit que son abcès est incisé, et nous affirme de la manière la plus formelle qu'elle ne s'est point aperçue de l'opération, qu'elle ne l'a nullement sentie.

« Un pauvre jeune homme a besoin de subir l'amputation de la jambe, par suite d'une maladie incurable des os du pied : l'inhalation éthérée le rend insensible au bout de trois ou quatre minutes ; j'incise, je coupe la peau de toutes les chairs, j'opère la section des os. La jambe est complètement tranchée, deux artères sont déjà liées, et le malade, naturellement très-craintif, très-disposé à crier, n'a encore montré aucun signe de douleur ; mais, au moment où une troisième ligature, qui comprend un filet nerveux en même temps que l'artère, est appliquée, il relève la tête et se met à crier ; seulement ses cris semblent s'adresser à autre chose qu'à l'opération : il se plaint d'être malheureux, d'être né pour le malheur, d'avoir éprouvé assez de malheurs dans sa vie, etc. Revenu à lui trois minutes après, il a dit n'avoir rien senti, absolument rien, ne pas s'être aperçu de l'opération, et ne pas se souvenir non plus qu'il eût crié, qu'il eût voulu remuer. Il s'est simplement souvenu que, pendant son sommeil, les malheurs de sa position lui étaient revenus à l'esprit et lui avaient causé une émotion plus vive qu'à l'ordinaire.

« Chez une jeune fille sujette à des convulsions hystériques, et qui était venue à l'hôpital pour se faire arracher un ongle rentré dans les chairs, les vapeurs d'éther ont paru produire un des accès dont la jeune malade avait déjà été affectée. Quoiqu'elle parût insensible pendant cet accès, je n'ai pas jugé convenable cependant de la soumettre à l'opération. Revenue à son état naturel, elle a soutenu que les piqûres, que les pincements dont on lui parlait, et qu'elle avait en effet supportés, n'avaient nullement été sentis par elle. Un second essai a été suivi des mêmes phénomènes ; seulement comme l'opération qu'elle avait à subir est très-douloureuse, et une de celles dont la vivacité des douleurs est en quelque sorte proverbiale, et comme cette malade affirmait que les mouvements dont nous avions été témoins étaient complètement étrangers à ce qu'on avait pu lui faire pendant qu'elle était sous l'influence de l'éther, je pensai devoir revenir une troisième fois à l'expérience.

Cette fois-ci, l'inhalation produit son effet en deux minutes et demie. Je procède ensuite à la fente de l'ongle, dont j'arrache successivement les deux moitiés : pas un mouvement, pas un cri, pas un signe de souffrance ne se manifeste pendant l'opération ; et cependant cette pauvre jeune fille paraissait voir et comprendre ce que je faisais, car, au moment où je m'apprêtais à lui saisir l'orteil, elle a relevé la tête, comme pour s'asseoir, en me regardant d'un air hébété ; si bien que j'ai cru devoir lui faire placer la main d'un des assistants devant les yeux. Deux minutes après, elle avait repris connaissance, et nous a dit n'avoir rien senti, n'avoir nullement souffert ; puis elle a été prise d'un léger accès de convulsion, qui n'a duré que quelques instants.

« Un homme du monde, très-impressionnable, très-nerveux, s'est trouvé dans la dure nécessité de se faire enlever un œil depuis longtemps dégénéré. Soumis préalablement à l'action de l'éther, deux ou trois fois, à quelques jours d'intervalle, il s'est promptement convaincu que cet agent le rendait insensible. Tout étant convenablement disposé, je l'ai mis en rapport avec l'appareil à inhalation : cinq minutes ont été nécessaires pour amener l'insensibilité. Alors j'ai pu détacher les paupières, diviser tous les muscles qui entourent l'œil, couper le nerf optique, disséquer une tumeur adjacente, remplir l'orbite de boulettes de charpie, nettoyer le visage, compléter le reste du pansement et appliquer le bandage, sans que le malade ait exécuté le moindre mouvement, jeté le plus léger cri, manifesté la moindre sensibilité. Ce n'est que deux minutes après l'application de l'appareil qu'il est revenu à lui. Homme intelligent, d'un esprit cultivé, il a pu nous rendre compte de ses sensations, et nous a dit qu'il n'avait nullement souffert, qu'il n'avait rien senti ; que par moments il s'apercevait bien qu'on lui tirait quelque chose dans l'orbite, qu'un certain bruit se passait par là, mais sans lui faire de mal, sans lui causer de douleur. Il entendait bien aussi que je parlais près de lui, que je m'entretenais avec les aides ; mais il n'avait pas conscience de ce que je demandais, de ce que nous disions. Il se trouvait d'ailleurs dans un état étrange d'engourdissement, d'inaptitude au mouvement, à la parole ; en somme, il s'était trouvé dominé, pendant toute l'opération, par un cauchemar et des pensées pénibles, relatives à des objets qui lui sont personnels.

Louis Figuier

« Ce matin même, il m'a fallu enlever une portion de la main à un ouvrier imprimeur, pour remédier à une tumeur fongueuse compliquée de carie des os. Très-excitable, craignant beaucoup la douleur, ce malade a désiré qu'on lui procurât, nous a-t-il dit, le bénéfice de la *précieuse découverte*. Au bout de trois ou quatre minutes, il s'est trouvé insensible. Les premières incisions n'ont paru lui causer aucune souffrance ; mais vers la moitié de l'opération il s'est mis à crier, à se débattre, à faire des mouvements comme pour s'échapper ; les élèves se sont empressés de le contenir, et, l'opération ainsi que le pansement une fois terminés, cet homme, reprenant son état naturel, s'est empressé, en nous faisant des excuses, de nous expliquer comme quoi les mouvements auxquels il venait de se livrer étaient étrangers à son opération. Ils avaient rapport, nous a-t-il dit, à une querelle d'atelier. Il s'imaginait qu'un de ses camarades lui tenait une des mains, en même temps qu'un second camarade le retenait par la jambe, afin de l'empêcher de courir prendre part à la querelle qui existait dans la chambre. Quant à l'opération, il a protesté ne l'avoir point sentie, n'en point avoir éprouvé de douleur, quoiqu'il n'ignorât pas néanmoins qu'elle venait d'être pratiquée. « Tels sont les principaux faits qui me sont propres et que j'ai pu étudier dans le courant de cette dernière semaine. J'ajouterai qu'une foule de médecins et d'élèves se sont maintenant soumis aux inhalations étherées, afin d'en mieux apprécier les effets.

Fig. 344. — Velpeau.

Quelques-uns d'entre eux s'y soumettent plutôt avec plaisir qu'avec répugnance : or, tous arrivent plus ou moins promptement à perdre la sensibilité. Il en est quelques-uns, deux entre autres, qui en sont venus, par des exercices répétés, à pouvoir indiquer toutes les phases du phénomène, dire où il convient de les piquer, de les pincer, ce qu'ils sentent, ce qu'ils ne sentent pas. Bien plus, chose étrange et à peine croyable, ils sont arrivés, en perdant leur sensibilité tactile, à conserver si bien les autres facultés intellectuelles, qu'ils peuvent se pincer, se piquer, et en quelque sorte se disséquer eux-mêmes, sans se causer de douleur, sans se faire souffrir.

« On le voit, il n'y a plus moyen d'en douter : la question des inhalations de l'éther va prendre des proportions tout à fait imprévues. Le fait qu'elle renferme est un des plus importants qui se soient vus, un fait dont il n'est déjà plus possible de calculer la portée, qui est de nature à impressionner, à remuer profondément, non-seulement la chirurgie, mais encore la physiologie, la chimie, voire même la psychologie. Voyez cet homme qui entend les coups de bistouri qu'on lui donne, et qui ne les sent pas ; remarquez cet autre qui se laisse couper ou une jambe ou une main, sans s'en apercevoir, et qui, pendant qu'on l'opère, s'imagine jouer au billard ou se quereller avec des camarades ! Voyez-en un troisième qui reste dans un état de béatitude, de contentement, qui se trouve très à son aise pendant qu'on lui morcelle les chairs ! Voyez, enfin, ce jeune homme qui conserve tous ses sens, assez du moins pour s'armer d'une pince et d'un bistouri, et venir porter le couteau sur ses propres organes ! N'y a-t-il pas là de quoi frapper, éblouir l'homme intelligent, par tous les côtés à la fois, de quoi bouleverser l'imagination du savant le plus impassible ?

« Il n'y a plus maintenant d'opération chirurgicale, quelque grande qu'elle soit, qui n'ait profité des bienfaits de cette magnifique découverte. La taille, cette opération si redoutable et si redoutée, vient d'être pratiquée sans que le malade s'en soit aperçu. Il en a été de même de l'opération de la hernie étranglée. Une malheureuse femme, dans le travail de l'enfantement ne peut accoucher seule : l'intervention du forceps est réclamée, l'inhalation de l'éther est mise en jeu, et l'accoucheur délivre la malade sans lui causer de souffrances, sans qu'elle s'en aperçoive.

« Si la flaccidité du système musculaire venait à se généraliser sous l'influence des inspirations éthérées, qui ne voit le parti qu'on pourrait tirer de ce moyen, quand il s'agit d'aller chercher au sein de l'utérus l'enfant qu'il faut extraire artificiellement ? C'est qu'en effet, dans cette opération, les obstacles, les difficultés, les dangers, viennent presque tous des violentes contractions de la matrice.

« De ce que j'ai vu jusqu'à présent, de l'examen sérieux des faits il résulte que l'inhalation de l'éther va devenir la source d'un nombre infini d'applications, d'une fécondité tout à fait inattendue, une mine des plus riches, où toutes les branches de la médecine ne tarderont pas à puiser à pleines mains. Elle sera le point de départ de notions si variées et d'une valeur si grande, à quelque point de vue qu'on les envisage, qu'il m'a paru nécessaire d'en saisir, dès à présent, l'Académie des sciences, et que je me demande si l'auteur d'une si remarquable découverte ne devrait pas être bientôt lui-même l'objet de quelque attention dans le sein des sociétés savantes[12]. »

Après de tels faits, après de si étonnants résultats, il n'y avait plus de doutes à conserver ; l'emploi de l'éther fut introduit dès ce moment dans tous les hôpitaux de la capitale. Les appareils d'inhalation se perfectionnèrent rapidement ; les mémoires s'entassèrent sur les bureaux des sociétés savantes ; une véritable fièvre de recherches et de publications s'empara du corps médical : chacun voulait contribuer pour sa part, à l'étude d'une question si féconde dans ses conséquences. C'est en vain que quelques apôtres de la douleur essayèrent de condamner cet universel élan. On laissa Magendie vanter tout à son aise, l'utilité de la douleur dans beaucoup d'opérations chirurgicales et « protester contre des essais imprudents, au nom de la morale et de la sécurité publiques. » La suprême morale, c'est d'alléger, autant qu'il est en nous, les souffrances de nos semblables.

Le zèle et l'ardeur des praticiens de la capitale ne tardèrent pas à se communiquer aux chirurgiens du reste de la France. Les hommes éminents qui conservent et perfectionnent dans nos provinces les traditions de la chirurgie française, s'empressèrent d'étudier, dans les hôpitaux de nos grandes villes, les admirables effets de l'éther. MM. Bonnet et Bouchacourt à Lyon, Sédillot à Strasbourg, Simonnin à Nancy, Jules Roux à Toulon, Bouisson à Montpellier, étendirent, par leurs observations et leurs recherches, le cercle de nos connaissances dans ce précieux sujet. L'Allemagne, l'Italie, l'Espagne, la Russie, la Belgique et la Suisse s'associèrent à cet heureux ensemble d'efforts, et l'usage des inhalations éthérées se trouva promptement répandu dans l'Europe entière. Les noms de Jackson et Morton, considérés alors comme les seuls auteurs de cette découverte brillante, recevaient l'hommage universel de la reconnaissance publique, et se trouvaient placés d'un accord unanime au rang des bienfaiteurs du genre humain.

Au moment où la reconnaissance de l'Europe saluait de ses acclamations méritées les noms de Jackson et de Morton, l'un des prinpaux auteurs de cette découverte, Horace Wels, se donnait la mort aux États-Unis. Une éducation scientifique plus complète, un concours de circonstances plus favorables, avaient seuls manqué au pauvre dentiste pour conduire à leurs dernières conséquences les faits dont il avait eu les prémisses. Après son échec dans la séance publique de l'hôpital de Boston, dégoûté de la triste issue de ses tentatives, il avait, comme nous l'avons dit, abandonné sa profession, et menait à Hartford une existence assez misérable, lorsque le succès extraordinaire de la méthode anesthésique vint le surprendre et le déchirer de regrets. Il passa aussitôt en Europe pour faire valoir ses droits auprès des corps savants. Mais la question historique relative à l'éthérisation, était encore fort obscure à cette époque, et les documents positifs manquaient pour justifier ses réclamations. La véracité des dentistes est un peu suspecte dans les deux hémisphères. À Londres, où il se rendit d'abord, Horace Wels fut éconduit partout ; il ne fut pas plus heureux à Paris, où il passa une partie de l'hiver de 1857. Dévoré de misère et de chagrin, il revint aux États-Unis, et c'est là qu'il mit fin à ses jours.

Les circonstances de sa mort ont quelque chose de profondément douloureux. Il se plaça dans un bain, s'ouvrit les veines, et respira de l'éther jusqu'à perte de connaissance. Il voulut s'envelopper, pour franchir le seuil du tombeau, de cette découverte dont il avait espéré la gloire, et qui ne lui réservait que la triste consolation d'épargner à son agonie, l'angoisse des derniers instants. Sa mort passa inaperçue ; il n'y eut pas un regret ni une larme sur sa tombe.

Louis Figuier

Fig. 345. — Suicide d'Horace Wels, l'un des inventeurs de l'anesthésie chirurgicale.

Pendant qu'Horace Wels périssait misérablement dans sa patrie, Jackson recevait le prix Monlhyon des mains de l'Institut de France, et Morton additionnait les bénéfices qu'il avait recueillis de la vente de ses droits. La postérité sera moins ingrate ; elle conservera un souvenir de reconnaissance et de pitié à cet obscur et malheureux jeune homme qui, après avoir contribué à enrichir l'humanité d'un bienfait éternel, est mort désespéré dans un coin du nouveau monde.

CHAPITRE V
DÉCOUVERTE DES PROPRIÉTÉS ANESTHÉSIQUES DU CHLOROFORME.

C'est surtout aux travaux des chirurgiens français qu'appartient l'honneur d'avoir perfectionné la méthode anesthésique, d'avoir régularisé et étendu ses applications. Telle qu'elle nous était arrivée d'Amérique, la question en était réduite à la connaissance des effets de l'éther. Mais à côté de ce fait capital, il restait encore un grand nombre de points secondaires dont la solution était indispensable pour son application définitive aux besoins de la chirurgie. Il fallait rechercher à quelle catégorie d'opérations on peut appliquer avec sécurité les moyens anesthésiques et celles qui contre-indiquent leur emploi ; — perfectionner les appareils destinés à l'administration de l'éther ; — rechercher si de nouvelles substances ne jouiraient point de propriétés analogues ; — étudier enfin, au point de vue physiologique, la nature et la cause des étranges perturbations provoquées dans le système vivant par l'action de l'éther, et porter même les investigations de ce genre sur le côté psychologique du problème. C'est en France que toutes ces questions ont été abordées et en partie résolues, et l'on doit reconnaître que si l'honneur de cette découverte appartient, dans son principe et dans ses faits essentiels, à l'Angleterre et aux États-Unis, le mérite de sa constitution scientifique revient à notre patrie. Suivons donc les perfectionnements qui ont été apportés à la méthode américaine depuis son introduction en France.

L'éthérisation offrait à la science un champ trop étendu, pour que les physiologistes ne s'empressassent point de rechercher la nature et les causes de tant d'étonnants effets. Ces phénomènes étaient à peine signalés, que Gerdy les étudiait sur lui-même, et arrivait ainsi à de curieuses observations. L'analyse que ce physiologiste nous a donnée de ses impressions pendant l'état éthérique est un chapitre intéressant de l'histoire encore à peine ébauchée des effets psychologiques de l'éther. M, Serres essayait en même temps de fournir l'explication du fait général de l'insensibilité, et M. Flourens, examinant les altérations que présentent, sous l'empire de cet état, la moelle épinière et la moelle allongée, entrait avec bonheur dans une voie qui promet aux physiologistes un abondant tribut d'utiles observations. M. Longet publiait, de son côté, son remarquable mémoire relatif à l'action des vapeurs éthérées sur les systèmes nerveux cérébro-spinal et ganglionnaire, travail auquel rien de sérieux n'a été encore ajouté. Venant en aide aux recherches des physiologistes, les chimistes essayèrent ensuite, mais avec un succès très-contestable, d'expliquer la nature des altérations subies, sous l'influence anesthésique, par le sang et les gaz qui concourent à la respiration. M. Paul Dubois et M. Simpson, d'Edimbourg, appelaient bientôt après l'attention du public médical sur les applications des inhalations éthérées à l'art des accouchements ; enfin MM. Honoré Chailly et Stoltz, de Strasbourg, confirmaient, par des observations tirées de leur pratique obstétricale, toute l'utilité et toute l'importance de cette application de la méthode nouvelle.

Peu de temps après s'élevait une autre question aussi riche d'avenir, car elle allait conduire à la découverte d'un nouvel agent d'une puissance anesthésique supérieure encore à celle de l'éther. Les propriétés stupéfiantes de l'éther sulfurique étaient à peine connues, que l'idée vint de rechercher si elles ne se retrouveraient pas dans quelques autres substances. On pensa tout de suite à examiner à ce point de vue les éthers autres que l'éther sulfurique ; la classe des éthers embrasse en effet de très-nombreuses espèces, et il était naturel de rechercher si la propriété anesthésique se retrouverait dans les différents composés qui forment ce groupe.

Le 20 février 1847, M. Sédillot, de Strasbourg, rendit compte à l'Académie de médecine de Paris, des résultats que lui avait fournis l'inhalation de l'éther chlorhydrique, composé auquel il avait reconnu des propriétés anesthésiques. Le 22, M. Flourens communiquait à l'Académie des sciences de Paris les expériences qu'il avait exécutées avec le même éther, et il indiquait comme produisant l'anesthésie les éthers acétique et oxalique. Le 1er mars 1847, et sans avoir connaissance des faits précédents, je signalais à l'Académie des sciences et lettres de Montpellier le résultat que j'avais obtenu en essayant sur les animaux l'action de l'éther acétique. Les vapeurs de cet éther avaient amené une insensibilité tout aussi complète que celle que produit l'éther sulfurique, mais dans un intervalle de temps un peu plus long. M. Bouisson confirmait peu après, en l'employant chez l'homme, l'action stupéfiante du même composé. M. le docteur Chambert étendit beaucoup les observations faites jusqu'à cette époque sur les différents éthers, et les généralisa avec une grande sagacité. Il a été reconnu, à la suite de ces divers travaux, que les vapeurs d'un assez grand nombre de liquides jouissent de la propriété d'abolir la douleur.

La précieuse découverte de l'action anesthésique du chloroforme fut réalisée à la même époque.

Le chloroforme est un composé chimique qui résulte de la réaction des chlorures d'oxydes sur l'alcool et qui se rapproche des éthers par sa composition. On l'obtient en distillant un mélange d'alcool et de chlorure de chaux. Le chloroforme a été découvert en 1830 par Soubeiran.

Fig. 346. — Flourens.

Le 8 mars 1847, M. Flourens communiqua à l'Académie des sciences de Paris, une note *touchant l'action de l'éther sur les centres nerveux*, dans laquelle on lit ce passage :

« L'éther chlorhydrique m'a conduit à essayer le corps nouveau connu sous le nom de *chloroforme*. Sous l'influence de cet agent, au bout de quelques minutes et de très-peu de minutes (de six dans une première expérience, de quatre dans une seconde et dans une troisième) l'animal a été tout à fait éthérisé[13]. »

Louis Figuier

Mais dans ce mémoire, dont le but était purement physiologique, M. Flourens parlait du chloroforme, en même temps que d'autres composés anesthésiques, et il ne l'avait cité que comme instrument des phénomènes qu'il voulait produire, pour étudier le mode d'action des agents anesthésiques sur les centres nerveux : il n'avait d'ailleurs opéré que sur des animaux. Aussi l'attention des chirurgiens ne s'était nullement portée sur le chloroforme, et le public médical ressentit une vive surprise lorsqu'un praticien d'Edimbourg, M. Simpson, annonça le 10 novembre 1837, les résultats extraordinaires qu'il avait retirés de l'emploi chirurgical du chloroforme.

Quelle que fût, en effet, l'action stupéfiante de l'éther, elle était encore dépassée par le chloroforme, et il était évident, d'après les faits annoncés par M. Simpson, que l'éther allait être détrôné. Il ne fallait plus, avec ce nouvel agent, prolonger pendant huit à dix minutes l'inhalation des vapeurs ; au bout d'une minute d'inspiration, le malade tombait frappé de l'insensibilité la plus profonde. Aucun appareil inhalateur, aucun, instrument particulier n'était plus nécessaire ; quelques grammes de chloroforme versés sur un mouchoir placé devant la bouche suffisaient pour produire l'effet désiré. L'inspiration de l'éther provoque presque toujours une irritation pénible de la gorge, qui amène une toux opiniâtre, et inspire aux malades une répugnance souvent invincible ; au contraire, le chloroforme, doué d'une suave odeur, est respiré avec délices. Tous ces faits étaient présentés par M. Simpson avec une clarté et une abondance de preuves de nature à entraîner tous les esprits. En effet, l'auteur ne s'était pas trop pressé de publier ses résultats, il avait procédé avec la prudence et la réserve qui préparent les succès durables. Il avait d'abord essayé le chloroforme dans des opérations légères, telles qu'extractions de dents, ouverture d'abcès, galvano-puncture. Plus tard, il le mit en usage dans des opérations plus graves, dans celles qui appartiennent à la grande chirurgie ; il l'avait appliqué aussi aux accouchements et à quelques cas de médecine. Le chirurgien d'Edimbourg ne se décida à faire connaître sa découverte que lorsqu'il eut réuni près de cinquante observations propres à établir son efficacité. Il insistait particulièrement sur la supériorité que présentait le chloroforme sur l'éther, et il citait, entre autres preuves, le fait d'un jeune dentiste qui s'était fait arracher deux dents, l'une sous l'influence de l'inhalation éthérée, l'autre sous celle de l'inhalation chloroformique. Dans le premier cas, l'insensibilité n'arriva qu'au bout de cinq ou six minutes, et l'individu éprouva, sinon la douleur, au moins la conscience de l'opération ; lors de l'extraction de la seconde dent, il suffit, pour le rendre complètement insensible, de lui placer sous le nez un mouchoir imbibé de deux grammes de chloroforme, « L'insensibilité, dit le sujet de cette observation, se manifesta en quelques secondes, et j'étais si complètement *mort*, que je n'ai pas eu la moindre conscience de ce qui s'était passé. »

C'est le 10 novembre 1847, c'est-à-dire moins d'une année après l'introduction en Europe de la méthode anesthésique, que le mémoire de M. Simpson fut communiqué à la Société médico-chirurgicale d'Edimbourg. Les journaux anglais répandirent promptement la connaissance de ce fait, qui ne tarda pas à trouver une confirmation éclatante dans la pratique des chirurgiens de Paris. Le chloroforme devint bientôt, dans tous les hôpitaux de l'Europe, le sujet d'expérimentations multipliées, et l'ardeur qui avait été apportée précédemment à l'étude des propriétés de l'éther, se réveilla tout entière à propos du nouvel agent. Partout le chloroforme réalisa les promesses de M. Simpson, et tout semblait annoncer qu'il avait à jamais détrôné son rival.

Mais cet horizon si brillant ne tarda pas à s'assombrir. De vagues rumeurs commencèrent à circuler, qui prirent bientôt une forme et une consistance plus sérieuses. On parlait de morts arrivées subitement pendant l'administration du chloroforme, et qui ne pouvaient se rapporter qu'à son emploi. M. Flourens avait prononcé un mot justement remarqué : « Si l'éther sulfurique, avait-il dit, est un agent merveilleux et terrible, le chloroforme est plus merveilleux et plus terrible encore. » Cet arrêt ne tarda pas à se confirmer. On acquit la triste certitude que l'activité extraordinaire du chloroforme expose aux plus graves dangers, et que si l'on néglige certaines précautions indispensables, on peut quelquefois si bien éteindre la sensibilité, que l'on éteint en même temps la vie. Ainsi, les chirurgiens purent répéter avec le poète :

> La fortune nous vend ce qu'on croit qu'elle donne.

Fig. 347. — Simpson.

Les premières alarmes furent données par l'annonce d'un accident terrible arrivé à Boulogne, pendant l'administration du chloroforme. Une jeune femme, pleine de vigueur et de santé, soumise,
pour une opération insignifiante, à l'inhalation du chloroforme,
était tombée, comme foudroyée entre les mains du chirurgien.
Cet événement ayant donné lieu à un commencement de poursuites judiciaires, le ministre de la justice demanda à l'Académie
de médecine une consultation médico-légale à propos de ce fait, et
d'un autre côté, son collègue de l'instruction publique crut devoir
soulever, à cette occasion, devant la même compagnie, la question
générale de l'innocuité des inhalations anesthésiques. Dans ce problème solennel, posé à la science par les intérêts de l'humanité, il
y avait une occasion brillante, pour l'Académie de médecine, de
justifier la haute mission dont elle est investie. Elle s'empressa de
la saisir, et à la suite du rapport présenté par Malgaigne, s'élevèrent
de longs et intéressants débats, dans lesquels toutes les questions
qui se rattachent à l'emploi des anesthésiques furent successivement approfondies. Les conclusions adoptées à la suite de cette
discussion remarquable innocentèrent le chloroforme, qui sortit
vainqueur du débat académique. Cependant le public médical est
loin d'avoir entièrement ratifié les conclusions de la savante com-

pagnie, en ce qui touche l'innocuité du chloroforme. Plusieurs faits sont venus, depuis cette époque, apporter dans la question de tristes et irrécusables arguments, et imposer aux chirurgiens une réserve parfaitement justifiée. Aussi l'emploi de l'éther, quelque temps abandonné, a-t-il repris une faveur nouvelle. Dans l'état présent des choses, les deux agents anesthésiques sont mis en usage concurremment et pour répondre aux indications respectives qui commandent leur choix. Employés aujourd'hui selon les préceptes généraux inscrits dans la science, ils concourent tous les deux à la pratique de la méthode anesthésique entrée définitivement, et pour n'en plus sortir, dans les habitudes chirurgicales.

CHAPITRE VI

TABLEAU DES PHÉNOMÈNES DE L'ANESTHÉSIE.

Une description sommaire des effets généraux des agents anesthésiques ne sera pas déplacée dans cette Notice. L'ensemble des phénomènes qui se développent sous leur influence, au sein de l'économie, a révélé, dans l'ordre des actions vitales, une face si surprenante et si nouvelle, la physionomie de ces faits est empreinte d'un caractère si original et si tranché, ils bouleversent sur tant de points toutes les notions acquises, ils ouvrent à la physiologie et à la philosophie elle-même un horizon si étendu, qu'il importe au plus haut degré qu'ils soient bien connus et bien compris de toutes les personnes qui attachent quelque importance à l'étude des problèmes de la science des êtres vivants.

Pour faciliter la description de cet état nouveau, que l'on peut désigner sous le nom d'*état anesthésique*, nous commencerons par présenter l'ensemble des phénomènes extérieurs que l'observation permet de constater chez un individu placé sous une telle influence. Cet exposé général préliminaire nous permettra de pénétrer ensuite plus aisément dans l'analyse intime de ces différents effets. L'éther, présentant une action plus lente et plus ménagée que celle du chloroforme, permet de suivre plus aisément l'ordre et la succession des phénomènes : c'est donc l'éther sulfurique qui nous servira de type dans cette exposition.

Quand un individu bien portant et placé dans des conditions qui permettent de saisir les impressions qu'il éprouve, est soumis, à l'aide d'un appareil convenable, à l'inhalation des vapeurs éthérées, voici, d'une manière assez régulière, la série de phénomènes qu'il est permis de constater chez lui.

L'inspiration des premières vapeurs provoque toujours une impression pénible ; la saveur forte de l'éther et l'action irritante qu'il exerce sur la muqueuse buccale produisent un resserrement spasmodique de la glotte, qui amène de la toux et un sentiment de gêne dans les mouvements respiratoires. Cependant cette première impression ne tarde pas à s'effacer, et la muqueuse s'habituant à ce contact, les vapeurs éthérées commencent à pénétrer largement à travers les bronches, dans les ramifications pulmonaires. Arrivé dans le poumon, l'éther est rapidement absorbé, et il manifeste bientôt les premiers signes de son action. La chaleur générale commence à s'élever, le sang afflue vers la tête et la face rougit. Les signes d'une excitation générale sont évidents ; l'individu s'agite et trahit, par le désordre de ses mouvements, un état d'éréthisme intérieur. L'œil est humide et brillant, la vue est trouble ; quelques vertiges et une certaine loquacité indiquent déjà une action marquée sur le cerveau. Ce trouble de l'organe central de la sensibilité, augmente et se traduit au dehors par une sorte de frémissement qui se propage dans tous les membres, il est bientôt rendu manifeste par l'apparition des premiers signes du délire. L'âme a déjà perdu, sur la direction des idées, son empire habituel : une gaieté expansive et loquace, le rire indécis de l'ivresse, quelquefois les larmes involontaires, de légers cris, des sons inarticulés, annoncent le désordre qui commence à envahir les facultés intellectuelles. C'est alors que des rêves d'une nature variable viennent arracher le sujet au sentiment des réalités extérieures, et le jeter dans un état moral des plus remarquables, dont la nature et les caractères seront examinés plus loin. Cependant l'excitation physique à laquelle l'individu était en proie disparaît peu à peu ; la face se décolore et pâlit, les paupières s'abaissent, presque tous les mouvements s'arrêtent, le corps s'affaisse et tombe dans un état de relâchement et de *collapsus* complet. Un sommeil profond pèse sur l'organisme ; les battements du cœur sont ralentis, la chaleur vitale sensiblement diminuée ; la couleur terne des yeux, la pâleur du visage, la résolution des membres, donnent à l'individu éthérisé l'aspect d'un cadavre. Rien n'est effrayant comme ce sommeil, rien ne ressemble plus à la mort, *consanguineus lethi sopor* ; et que de fois on a tremblé qu'il ne fût sans réveil !

C'est au milieu de ce silence profond des actes de la vie, quand toutes les fonctions qui établissent nos rapports avec le monde extérieur ont fini par s'éteindre, que la sensibilité, qui jusque-là avait seulement commencé de s'ébranler, disparaît complètement, et que l'individu peut être soumis sans rien ressentir, aux opérations les plus cruelles. On peut impunément diviser, déchirer, torturer son corps et ses membres ; l'homme n'est plus qu'un cadavre, c'est une statue humaine, c'est la statue de la mort. Et pendant cet anéantissement absolu de la vie physique, le flambeau de la vie intellectuelle, loin de s'éteindre, brille d'un éclat plus vif. Le corps est frappé d'une mort temporaire, et l'âme, emportée en des sphères nouvelles, s'exalte dans le ravissement des sensations sublimes. Philosophes qui osez nier encore la double nature de l'homme et l'existence d'une âme immatérielle, cette preuve palpable et visible suffira-t-elle à vous convaincre ?

Cet état extraordinaire ne se prolonge guère au delà de sept ou huit minutes, mais on peut le faire renaître et l'entretenir en reprenant les inhalations après un certain intervalle, et lorsque l'individu commence à redonner quelques signes de sensibilité.

Le réveil du sommeil anesthésique arrive sans phénomènes particuliers, l'individu reprend peu à peu l'exercice de ses fonctions, il rentre en possession de lui-même sans ressentir aucune suite fâcheuse du trouble momentané survenu dans ses fonctions. Il ne conserve qu'un souvenir assez vague des impressions qu'il a ressenties, et les rêves qui ont agité son sommeil n'ont laissé dans sa mémoire que des traces difficiles à ressaisir.

Si, au lieu d'arrêter l'inhalation des vapeurs stupéfiantes au moment où l'insensibilité apparaît, on la prolonge au delà de ce terme, on voit se dérouler une scène nouvelle dont l'inévitable issue est la mort. Les organes essentiels à la vie ressentent à leur tour l'oppression de l'éther, qui, franchissant dès lors la limite des actions physiologiques, se transforme en un poison mortel. Nous n'avons pas besoin de dire que cette seconde période de l'anesthésie n'a pu être étudiée que sur les animaux et dans un but expérimental et scientifique. On a reconnu ainsi que, lorsque l'inspiration des vapeurs éthérées est poussée au delà du terme d'insensibilité, l'abaissement de la température normale du corps est le premier signe qui décèle l'oppression des forces organiques. Bientôt la respiration s'embarrasse et s'arrête par suite de la paralysie des organes qui président à cette fonction ; le sang qui coule dans les artères devient noir et perd ses caractères de sang artériel, ce qui indique l'état d'asphyxie et l'arrêt de ce phénomène indispensable à la vie qui consiste dans la transformation du sang veineux en sang artériel. Enfin le cœur cesse de battre ; la paralysie, qui a successivement atteint tous les organes importants de l'économie, a fini par envahir le cœur lui-même, dans lequel, aux suprêmes instants de la vie, les forces organiques semblent se réfugier comme dans le dernier et le plus inviolable asile. Cette paralysie du cœur est irrémédiable : c'est la mort.

Tels sont les effets généraux auxquels donne lieu l'introduction dans l'économie, des vapeurs éthérées. Pour mieux apprécier maintenant les caractères et la nature de cet état physiologique, il faudrait reprendre et examiner en détail chacun des traits de ce tableau. Mais une étude de ce genre exigerait des développements qui ne sauraient trouver ici leur place. Nous ne considérerons que la moitié de la scène générale qui vient d'être exposée, c'est-à-dire cette période de l'éthérisation que l'on pourrait appeler *chirurgicale*, dans laquelle la sensibilité et les facultés intellectuelles sont opprimées ou abolies, sans que la vie soit encore menacée. Nous n'examinerons même que quelques traits de cet ensemble, et négligeant les effets locaux et primitifs de l'éther, laissant de côté la question ardue et controversée de la nature et du siège des troubles nerveux provoqués par l'anesthésie, nous nous bornerons, à étudier les altérations que subissent, pendant l'état anesthésique, la sensibilité et les facultés intellectuelles.

M. Bouisson a consacré un des meilleurs et des plus curieux chapitres de son livre à l'étude des modifications de la sensibilité pendant l'éthérisme. En comparant tous les faits qui se rapportent à cette question, il établit que la perturbation apportée par les vapeurs anesthésiques, dans l'exercice de la sensibilité, peut se résumer en disant que cette faculté est successivement *ébranlée*, *décomposée* et *détruite*.

Avant d'être abolie, la sensibilité commence à se troubler, et c'est là ce qui donne lieu, selon M. Bouisson, à la perversion que l'on remarque aux premiers instants de l'état anesthésique, dans l'ordre et le mode habituels des perceptions sensitives. Les impressions qui viennent du dehors sont encore accusées, mais elles sont mal comprises et rapportées fautivement à des causes qui ne les ont pas produites. L'individu éthérisé perçoit en même temps ces sensations nommées *subjectives*, c'est-à-dire qui n'ont pas leur cause provocatrice dans le monde extérieur. C'est ainsi que s'expliquent ces sensations particulières de froid ou de chaud, de fourmillement, de vibrations nerveuses irrégulières qui parcourent les membres, sans que l'on puisse assigner à leur transmission une direction anatomique. Telles sont encore ces sensations composées, agréables et pénibles à la fois, que Lecat nommait *hermaphrodites*, et dont la nature est trop spéciale et l'appréciation trop personnelle, pour qu'il soit possible d'en donner une idée fidèle avec les seules ressources de la description. C'est pendant ce premier trouble apporté à l'exercice normal de la sensibilité, que l'on observe quelquefois une exaltation marquée de cette fonction. On sait que les malades que l'on opère après une administration insuffisante de l'agent anesthésique témoignent, par leurs cris et leur agitation excessive, que la sensibilité, au lieu d'être suspendue, présente au contraire un nouveau degré d'exaltation.

Le second ordre de modifications qui s'observent, suivant l'auteur du *Traité de la méthode anesthésique*, dans l'exercice de la sensibilité, consiste en un trouble apporté dans les relations habituelles des modes divers de cette fonction. Le lien naturel qui unit entre eux les modes particuliers, dont l'ensemble compose la sensibilité générale, est momentanément interrompu ou coupé. Cette observation permet de se rendre compte d'un certain nombre de faits bizarres et inexplicables en apparence, signalés par les praticiens. On sait, par exemple, que dans les premiers moments de l'éthérisation, le sens du tact peut être affaibli de manière à ne plus apprécier la forme ou le poids d'un corps étranger, et néanmoins persister assez pour apprécier des pincements ou des piqûres, l'application de la chaleur ou du froid. Un individu plongé dans le sommeil anesthésique, et insensible à la douleur d'une opération chirurgicale, peut quelquefois percevoir et ressentir vivement la fraîcheur de l'eau projetée à la face. Au moment où l'économie est indifférente aux causes les plus puissantes de sensations, elle peut cependant apprécier des impressions très-légères et presque insaisissables dans l'état normal. Ou connaît le fait de ce malade qui, insensible à l'incision de ses tissus, accusait l'impression de froid produite par l'instrument d'acier qui divisait les chairs. Lorsque la faculté d'apprécier la douleur a complètement disparu, l'exercice de certains sens peut encore persister. On a lu, dans la communication de Velpeau à l'Académie des sciences, l'observation de ce malade à qui ce chirurgien enlevait une tumeur placée près de l'oreille, et qui, tout à fait insensible à la douleur, entendait cependant le cric-crac du bistouri. Une dame, opérée par M. Bouisson, d'un cancer au sein, entendait, sans souffrir aucunement, le bruit particulier que produit le bistouri, quand il divise les tissus endurcis et squirrheux des tumeurs cancéreuses. Il est assez commun de voir dans les hôpitaux des individus insensibles, grâce à l'éther, jeter des cris à l'application du feu. Les sujets éthérisés peuvent même donner, dans l'appréciation de ces nuances de la douleur, des preuves plus délicates encore. M. Bouisson raconte qu'ayant eu l'occasion d'employer le bistouri et les ciseaux pour l'ablation d'un cancer de la joue chez un sujet éthérisé, il remarqua que l'opéré était insensible au bistouri et qu'il sentait les ciseaux.

Après avoir été ainsi successivement ébranlée et désunie dans ses modes normaux, la sensibilité finit par s'éteindre complètement. Selon M. Bouisson, son extinction totale coïncide avec la perte de l'intelligence. Cette incapacité de sentir est d'ailleurs absolue ; aucun excitant connu ne peut la réveiller. Le fer, le feu, l'incision, la déchirure des tissus, rien ne peut provoquer, non-seulement de la douleur, mais même une sensation quelconque. Les parties les plus irritables et les plus sensibles dans l'état normal, les nerfs, dont le seul contact causerait, dans l'état normal, des convulsions, et exciterait des cris déchirants, peuvent être tordus, coupés, arrachés, sans qu'une oscillation de la fibre accuse la plus légère impression. Les bruits les plus perçants ne frappent point l'oreille, la plus vive lumière trouve la rétine inaccessible, la section ou la division des organes rendus douloureux par suite d'un état pathologique, les douleurs viscérales qui se trouvent sous la dépendance d'une affection organique, les douleurs liées à l'acte de l'accouchement, tout s'éteint dans ce silence étonnant de la vie sensorielle. L'individu ne vit plus que d'une existence purement végétative ; frappés d'une déchéance temporaire, mais radicale, les sens ont perdu leur privilège de nous mettre en rapport avec le monde extérieur, ou plutôt ils sont désormais comme s'ils n'existaient pas.

Le temps nécessaire pour amener cet état d'insensibilité absolue varie selon les sujets. En général, cinq à dix minutes d'inhalation d'éther sont nécessaires pour le produire ; deux ou trois minutes suffisent avec le chloroforme. Quant à sa durée, elle n'excède guère huit ou dix minutes ; mais, comme nous l'avons dit, on peut l'entretenir beaucoup plus longtemps, en reprenant les inhalations à mesure que les effets paraissent s'affaiblir. Il est assez commun, pour certaines opérations, de voir maintenir les malades, une demi-heure sous l'influence éthérique, et M. Sédillot a pu, sans inconvénient, prolonger cet état pendant une heure et demie.

La faculté de sentir n'est pas seule influencée par l'impression des anesthésiques ; les opérations de l'intelligence et de la volonté subissent à leur tour des troubles très-profonds. Examinons rapidement les altérations qui affectent l'intelligence sous l'influence de l'éther.

On ne s'est pas assez élevé, selon nous, contre l'indifférence avec laquelle la philosophie a accueilli jusqu'à ce jour les données empruntées à la physiologie. Aucun de nos philosophes modernes, même parmi les sensualistes les plus prononcés, n'a essayé de soumettre ces faits à une étude sérieuse. En tout état de choses, cette indifférence paraîtrait sans excuse ; mais en présence des faits apportés par la découverte de l'anesthésie, elle est encore plus difficile à comprendre. Parmi les nombreuses formes que peuvent revêtir, sous l'influence de l'éther, l'aliénation, l'altération, la suspension, le désordre, l'extinction des facultés de l'âme, un observateur familier avec les procédés de l'observation du *moi*, saisirait aisément plusieurs vérités utiles au perfectionnement de la science de l'âme humaine. Sous l'influence des agents anesthésiques, les relations normales de nos facultés sont troublées, le lien qui les rattache l'une à l'autre est interrompu ou brisé, elles sont réduites à leurs éléments primitifs, et tout indique que l'observation s'exercerait avec profit sur cette dissociation spontanée, que l'on pourrait d'ailleurs varier de cent manières. Les observations de cette nature seraient rendues ici éminemment faciles par suite de ce fait bien constaté, que l'attention et l'observation de soi-même retardent les effets de l'éthérisation.

Le fait de l'influence de l'attention sur le ralentissement des phénomènes anesthésiques est parfaitement établi. Cette influence peut aller au point de conserver l'intégrité de l'intelligence, lorsque la sensibilité est déjà paralysée. Les journaux de médecine ont fait mention d'un jeune docteur qui se soumettait volontiers à l'éthérisation en présence des élèves de l'hôpital de la Clinique, et qui indiquait lui-même le moment où il fallait lui faire subir l'épreuve de l'insensibilité, il voyait les instruments, suivait les détails de l'épreuve, émettait des réflexions sur ce sujet et ne sentait rien. « Quelques-uns de nos malades, dit M. Sédillot, furent témoins insensibles de leur opération. Vous venez de diviser, nous disaient-ils, tel lambeau de peau, vous avez tiraillé telle partie de la plaie avec des épingles ; je le vois, mais je ne le sens pas[14]. »

Malgaigne cite le cas d'un malade qui, maître de ses idées, tout entier à lui et étranger seulement à la douleur, encourageait le chirurgien de la voix et du geste à poursuivre son opération. On a vu des individus plongés dans le sommeil éthérique s'enfoncer eux-mêmes des épingles dans les chairs et ne rien sentir. « Je n'ai jamais mieux apprécié, dit M. Bouisson, l'influence de l'attention et de la volonté, que sur un jeune soldat qui simulait une maladie pour obtenir sa réforme. Je lui proposai de l'éthériser, pour le mettre dans le cas d'avouer sa supercherie. Il accepta l'épreuve, bien qu'il en comprît toute la valeur ; l'insensibilité fut produite, mais l'intelligence se maintint, et le rôle réservé de simulateur fut si bien conservé, que le malade ne répondait qu'aux questions qui ne pouvaient pas le compromettre. »

Ainsi l'attention volontairement concentrée retarde la manifestation des effets de l'éther : cette circonstance permettrait donc à l'observateur de saisir plus aisément leur succession et d'appliquer ces données à l'éclaircissement des faits psychologiques.

Cependant ce retard apporté à l'apparition des effets anesthésiques, n'est que le produit d'une éthérisalion incomplète. Quand l'action de l'éther est suffisamment prolongée, les phénomènes suivent leur marche ordinaire, et lorsque l'abolition de la sensibilité est devenue complète, les facultés intellectuelles subissent à leur tour une perturbation profonde que nous devons rapidement examiner.

Les premiers effets de l'éthérisation sur l'intelligence consistent, selon M. Bouisson, dans une exaltation passagère et d'un ordre particulier, pendant laquelle les idées se succèdent avec une rapidité incroyable. Les personnes chez lesquelles on a arrêté à ce moment, les essais d'éthérisation, sont étonnées de l'activité et du développement inconnu qu'avait pris en elles l'intelligence sous l'empire des premiers effets de l'agent anesthésique. Les idées se pressent et se précipitent, et comme la durée se mesure habituellement au nombre et à la succession des pensées, on croit avoir longtemps vécu pendant ces instants si courts. Remarquons en passant qu'un effet tout semblable a été noté par Davy comme résultat des inspirations du gaz hilarant.

Fig. 349. — Bouisson.

Si l'action de l'éther se prolonge, cette exaltation de l'activité intellectuelle s'accroît notablement, et certains individus deviennent en proie à une excitation morale assez violente. On observe alors des rires désordonnés et une gaieté dont l'exagération touche au délire ; d'autres fois, les sujets donnent les signes d'une mélancolie subite ;

des larmes involontaires s'échappent de leurs yeux. Cependant on observe plus fréquemment une demi-ivresse ; la physionomie revêt les caractères d'une satisfaction vague et indécise et les sujets tombent dans une sorte de contemplation béate qui ressemble à la fois à l'ivresse et à l'extase. Enfin, il arrive quelquefois que l'excitation morale est plus violente ; l'individu peut se laisser aller à des démonstrations de colère ou de fureur qu'il faut contenir, parce qu'elles deviendraient un obstacle à l'exécution de l'opération chirurgicale.

Cependant, à mesure que l'éthérisation fait des progrès, cette excitation s'affaiblit et finit par disparaître, une sorte de voile couvre l'intelligence, qui semble tomber dans un demi-sommeil. Cette situation particulière et insolite, où l'âme commence à perdre une partie de ses droits, tout en conservant la conscience secrète de cette perte, est, pour ceux qui l'éprouvent, la source de délicieuses impressions. On a le sentiment d'une satisfaction infinie, on se sent emporté dans un monde nouveau, et la cause essentielle du bonheur qui saisit et transporte les âmes, réside surtout dans la conscience de ce fait, que tous les liens qui nous retenaient aux choses de la terre nous paraissent rompus : « Il me semble, disait un individu en proie à une hallucination de ce genre, il me semble qu'une brise délicieuse me pousse à travers les espaces, comme une âme doucement emportée par son ange gardien. » Bien avant la découverte de l'anesthésie, M. Granier de Cassagnac avait l'habitude de respirer de l'éther lorsqu'il voulait, en se procurant une de ces sortes d'extases, s'arracher au sentiment des pénibles réalités de la vie. Il décrit ainsi le sentiment que l'âme éprouve : « Ce n'est pas seulement le vague bonheur de l'ivresse ; cet état mérite plutôt le nom de *ravissement*, parce qu'en effet on se sent ravi, transporté de la réalité dans l'idéal : le monde extérieur et matériel n'existe plus. Assis, on ne sent pas sa chaise ; couché, on ne sent pas son lit : on se croit littéralement en l'air. Mais si la sensibilité extérieure est détruite, la sensibilité intérieure arrive à une exaltation indicible. On s'attache à ce genre de bonheur ineffable et sans bornes. »

L'état transitoire qui vient d'être décrit, et qui, d'ailleurs, manque quelquefois, surtout si l'on fait usage du chloroforme, fait bientôt place au sommeil. L'action continue de l'éther sur le cerveau, opprimant les forces nerveuses, provoque le repos artificiel de cet organe. C'est surtout pendant les premiers instants de ce sommeil qu'arrive le cortège étrange des rêves éthériques, dont l'absence s'observe rarement.

Rien de variable comme la nature des rêves provoqués par les inhalations anesthésiques. Elle paraît déterminée, en général, par le genre d'occupations de l'individu, par les événements de sa vie, par les pensées qui le dominent habituellement. Comme les songes amenés par le sommeil naturel, ils sont en rapport avec l'âge, les goûts, les habitudes de ceux qui les éprouvent. L'enfant s'occupe de ses jeux ; les jeunes gens rêvent la vie turbulente et agitée, la chasse, l'exercice en plein air ; la jeune fille rêve à ses plaisirs ; l'homme fait est dominé par les soucis de la vie ordinaire. Un enfant que M. Bouisson opérait de la taille se croyait dans un berceau, et recommandait à sa mère de le bercer. Un pêcheur opéré par Blandin, croyait tenir dans ses filets un brochet monstrueux. Un soldat auquel je voyais pratiquer l'amputation de la cuisse croyait assister à la revue de son général, et se félicitait de la propreté de sa tenue. En Suisse, où prédominent les pensées religieuses, les idées de ciel et d'enfer se mêlent à chaque instant dans ces rêves. Au reste, les préoccupations religieuses jouent, en tout pays, un grand rôle dans ces défaillances momentanées de la raison. Beaucoup de chirurgiens ont eu l'occasion d'observer des opérés qui, couchés sur la table de torture, se croyaient transportés en paradis, et se plaignaient tristement, à leur réveil, d'être revenus parmi les hommes. Les rêves d'une nature plus chaudement colorée, et sur lesquels on a trop insisté au début de l'éthérisation, sont beaucoup plus rares qu'on ne l'a dit, ou du moins, comme le remarque fort bien M. Courty[15], ils n'arrivent point aux personnes élevées dans des habitudes de chasteté.

Cependant la nature des rêves éthériques n'est pas toujours liée au caractère, au genre de goûts et d'habitudes des sujets. Il en est que l'on ne peut rapporter à rien. Une dame, débarrassée par Velpeau d'une tumeur volumineuse, s'imaginait rendre visite à la personne qui a fourni à Balzac son type de la femme de quarante ans. Comme on l'engageait à retourner chez elle : « Non, reprenait la malade, je reste ici. Dans ce moment on m'opère à la maison. À mon retour, je trouverai l'opération faite. » Une femme, opérée par le même chirurgien, se croyait suspendue dans l'atmosphère, entourée d'une voûte délicieusement étoilée. Une autre se trouvait au centre d'un vaste amphithéâtre dont tous les gradins étaient garnis de jeunes vierges d'une éblouissante blancheur.

Fig. 348. — Le rêve d'un éthérisé.

Il serait contraire à la vérité de prétendre que les songes qui accompagnent le premier sommeil de l'éthérisme sont toujours empreints d'un caractère de félicité. Si, dans l'immense majorité des cas, les individus sont agités d'émotions agréables, on remarque quelquefois des rêves pénibles et qui ont tous les caractères du cauchemar. La préoccupation morale qui domine les malades à la pensée de l'opération qu'ils ont à subir, est probablement la cause des impressions tristes qui viennent assaillir leur esprit. En général, les sujets en proie à ces rêves pénibles se voient, comme dans le cauchemar, en présence d'un but qu'ils désirent vivement atteindre sans pouvoir jamais y parvenir. Un opéré s'imaginait être retenu captif et s'écriait : « Laissez-moi, je suis décidé à faire des révélations ! » Un autre, qui ne pouvait supporter l'odeur de l'éther, rêvait qu'on voulait le forcer à le respirer, et, pour se soustraire aux obsessions qui l'entouraient, il était contraint de se jeter dans un puits. Un troisième, qui détestait les calembours, rêvait que l'on mettait ce prix à sa délivrance.

Dans bien des cas, d'ailleurs, la cause des songes pénibles qui tourmentent les malades se rapporte à l'acte même de l'opération. L'individu éthérisé ne ressent aucune douleur ; cependant, comme l'activité de l'intelligence n'est pas chez lui entièrement éteinte, il conserve encore une vague conscience des impressions du dehors, et l'imagination, travestissant et traduisant à sa manière les sensations obtuses provoquées par les manœuvres du chirurgien, sa souffrance indécise et confuse s'exprime par des songes agités. Il se croit poursuivi par des voleurs ou par des gens qui en veulent à sa vie ; son esprit est en proie aux plus sombres images : il rêve de tourments et de supplices.

Un ouvrier, opéré par M. Simonnin, voyait le ciel en feu et poussait des gémissements. Un malade à qui l'on venait d'ouvrir un abcès n'avait pas cessé de jeter des cris pendant toute la durée de l'opération. Comme on l'interrogeait sur la cause de cette agitation : « Je ne souffrais point, répondit-il, mais un de mes camarades m'a cherché querelle et a voulu me frapper ; je le repoussais, et c'est probablement en faisant ces efforts que j'aurai crié. »

M. Martin, de Besançon, pratiquait à un homme, l'amputation du doigt, après l'avoir placé sous l'influence de l'éther ; au premier coup de bistouri, le malade fait un tel effort pour se soulever, que deux hommes peuvent à peine le contenir ; il s'agite, il s'anime, vocifère contre l'opérateur, lui demandant ce qu'il veut faire à son doigt. L'opération rapidement terminée, il semble revenir d'un rêve pénible ; on l'interroge sur ses sensations. « Ah ! je n'en sais trop rien, dit-il, je croyais qu'on s'amusait autour de mon doigt, et cela me contrariait. »

Une jeune fille, opérée par le même chirurgien d'une hernie ombilicale, est prise, pendant les premières inhalations de l'éther, de symptômes hystériques d'une effrayante intensité : grincement de dents, contraction permanente des poings, tremblement convulsif de tout le corps, face animée, cris déchirants, plaintes profondes, marques de désespoir, La malade se croyait en enfer ; elle déplorait son malheur et maudissait ceux qui l'y avaient entraînée : « Ah ! mon Dieu ! s'écriait-elle ; ah ! mon Dieu ! m'y voilà. Je brûle, je brûle, et sans avoir jamais l'espérance d'en sortir ! »

Cependant, à la dernière période chirurgicale de l'action de l'éther, lorsque le sommeil est devenu plus profond, les songes eux-mêmes ne sont plus possibles. L'engourdissement, qui a successivement envahi tous les organes de la sensibilité, s'étend enfin sur l'âme tout entière. L'être intelligent s'anéantit sous l'influence oppressive de l'agent qui maîtrise l'économie. Aucun des actes par lesquels l'intelligence se manifeste ne peut désormais s'accomplir, et, d'un autre côté, comme la sensibilité elle-même a précédemment disparu, l'homme devient, au milieu de ces étranges conditions, un être sans analogue dans la nature entière, une chose sans nom, que le langage est impuissant à définir, parce que rien, jusqu'à ce moment, n'avait pu en faire soupçonner l'existence.

Il est difficile de déterminer exactement quel genre d'impressions subit la mémoire sous l'influence des agents anesthésiques. Quelquefois les malades se rappellent exactement les impressions qu'ils ont éprouvées, et les racontent avec les plus grands détails. D'autres fois, ils ont tout oublié et ne peuvent rendre compte de leurs rêves, bien que l'existence de ces derniers ait été rendue manifeste par leurs gestes et leurs paroles. En général, la mémoire est affaiblie, et alors même que les malades peuvent, immédiatement après l'opération, raconter exactement leurs songes, ce souvenir est lui-même fugace, et si, quelques heures après, on les engage à renouveler leur narration, ils déclarent avoir tout oublié. Enfin il arrive souvent que les malades, pendant le cours des opérations, accusent, par leur agitation et leurs cris, l'existence de la douleur, et qu'à leur réveil ils affirment n'avoir rien senti. On a beaucoup discuté à cette occasion pour décider si, dans ce cas, la douleur était réelle ou si elle était simplement un effet de l'imagination. Il nous paraît établi que, dans ces circonstances, la douleur a positivement existé, et que son souvenir seul fait défaut. Lorsqu'on entend les cris, quand on est témoin de l'anxiété de certains opérés, il est difficile d'affirmer qu'il n'y ait point eu de douleur. M. Sédillot, M. Simonnin et M. Courty ont donné des preuves, selon nous sans réplique, de la vérité de ce fait.

Le retour de l'intelligence coïncide ordinairement avec celui de la sensibilité ; il le précède dans quelques cas plus rares. Alors la sensibilité reparaît pendant que le trouble de l'intelligence persiste encore, et les signes d'un léger délire se prolongent assez long-temps après le retour de la sensibilité. Cependant il est difficile de soumettre à des règles fixes, ces sortes de relations physiologiques, qui varient, avec les circonstances et selon les individus.

Nous n'avons rien dit, dans le cours de ce chapitre, des appareils qui servent à administrer au patient le chloroforme ou l'éther. C'est que la question des appareils, qui a joué un très-grand rôle pendant plusieurs années, et qui a nécessité beaucoup d'expériences et de recherches, a perdu aujourd'hui toute son importance. Nous devons pourtant en dire quelques mots.

Dans les premiers temps on fit usage, en Amérique, pour administrer l'éther, d'un flacon à deux tubulures, d'un simple *flacon de Woolf*, comme on l'appelle dans les laboratoires de chimie. Mais on n'administrait ainsi que des vapeurs pures d'éther sulfurique, non mélangées d'air, et l'on faisait courir au malade de véritables dangers. On l'exposait à l'asphyxie, car on ne peut jamais suspendre, sans menace de mort, l'admission, dans les poumons, de l'oxygène indispensable à la vie.

Dès que la méthode anesthésique fut importée en Europe, on construisit des appareils qui permettaient d'introduire dans les voies respiratoires, par l'inhalation, une certaine quantité d'air atmosphérique, mêlé aux vapeurs stupéfiantes. On se servait généralement, d'une sorte de carafe, portant deux tubulures. L'une de ces ouvertures recevait un tube, qui donnait accès à l'air extérieur, au moment de l'inspiration. À l'autre ouverture s'adaptait un tube de caoutchouc, terminé lui-même par une sorte de masque, pourvu d'une soupape, que l'on appliquait sur la bouche du malade. La soupape, formée d'une petite boule de liège, se déplaçait, au moment de l'expiration, et laissait sortir l'air respiré et chargé d'acide carbonique.

Cet appareil a été remplacé ensuite par un autre, plus perfectionné et que représente la figure 350. Il se compose, comme on le voit, d'un flacon d'étain A, dont la partie inférieure B, se dévisse, pour recevoir une éponge imbibée d'éther sulfurique. Dans la partie ou existe le pas de vis, on a percé un certain nombre de trous, qui donnent accès à l'air extérieur. Cet air, en traversant le flacon, se charge d'une certaine quantité de vapeurs stupéfiantes. En dévissant plus ou moins la partie B, on peut augmenter ou réduire à volonté la quantité d'air qui traverse l'appareil.

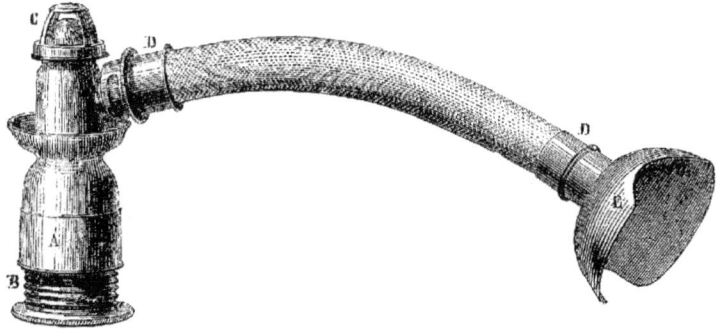

Fig. 350. — Appareil pour l'inhalation du chloroforme et de l'éther.

Au-dessus du vase d'étain A, se trouve une soupape C, composée d'une boule de liège. Cette soupape se soulève au moment de l'expiration du malade, pour laisser sortir l'air respiré. Le tube DD, qui doit conduire dans les poumons l'air inspiré, mélangé de vapeurs d'éther ou de chloroforme, se termine par une concavité, E, que l'on applique sur la bouche du malade, de manière à fermer exactement son ouverture sans gêner cependant les mouvements d'inspiration et d'expiration. Cependant on n'était jamais certain, avec un appareil de ce genre, quelle que fût sa disposition, de la quantité d'air mêlée aux vapeurs anesthésiques, qu'inspirait le malade. On a même attribué plusieurs cas de mort par le chloroforme ou l'éther, à ces appareils mêmes, qui, ne laissant passer qu'une quantité d'air insuffisante, produisaient une véritable asphyxie.

C'est en raison de cette considération si grave, qu'on a fini par renoncer complètement à toute espèce d'appareils pour l'inhalation.

On se contente, aujourd'hui, de disposer en forme d'entonnoir, un mouchoir ou un linge ; d'arroser d'éther ou de chloroforme, l'intérieur de cette cavité, que l'on place sous le nez du malade. L'expérience, mille fois répétée, a prouvé que ce moyen si simple est le seul qui permette à l'air atmosphérique de se mélanger, en proportions convenables, aux vapeurs de chloroforme ou d'éther, de manière à produire l'effet stupéfiant cherché, sans exposer jamais à l'asphyxie. Un aide tient sous le nez du patient, le mouchoir imbibé de chloroforme, tandis que le chirurgien, le doigt fixé sur l'artère, s'assure, par l'état du pouls, de la persistance des conditions normales de la respiration.

CHAPITRE VII

UTILITÉ DE LA MÉTHODE ANESTHÉSIQUE. — RÉSULTATS STATISTIQUES CONCERNANT L'INFLUENCE DE L'ÉTHER ET DU CHLOROFORME SUR L'ISSUE DES OPÉRATIONS CHIRURGICALES. — DANGERS ATTACHÉS À L'EMPLOI DES ANESTHÉSIQUES. — DISCUSSION SUR LES CAS DE MORT ATTRIBUÉS À L'ÉTHER ET AU CHLOROFORME. — CONCLUSION. — NOUVEAUX AGENTS D'ANESTHÉSIE RÉCEMMENT DÉCOUVERTS. — ANESTHÉSIE LOCALE.

Il est une question que nous nous dispenserions d'aborder, tant sa solution paraît simple, et que nous ne pouvons cependant négliger ici, parce qu'elle doit nous introduire dans un ordre de considérations d'une importance incontestable : nous voulons parler de l'utilité de la méthode anesthésique. Tant que la douleur sera un mal et le bien-être un bien, c'est-à-dire tant que nous verrons maintenues les conditions présentes de l'existence humaine, on attachera une grande valeur à tous les moyens qui ont pour résultat l'abolition de la douleur. Or, de toutes les douleurs, celles qui accompagnent les opérations chirurgicales étant, sans aucun doute, les plus effrayantes et les plus redoutées, il serait évidemment superflu d'examiner si la méthode anesthésique doit être regardée comme utile : l'assentiment général, la pratique universelle, les résultats obtenus, répondent suffisamment à cette question. Mais on peut se demander dans quelles limites cette utilité reste maintenue, quel est son degré précis, et surtout si l'anesthésie ne s'accompagne pas d'inconvénients ou de dangers de nature à contre-balancer ses avantages. Il convient donc d'aborder, pour compléter cette Notice, l'examen de la question suivante : Quel est le degré précis d'utilité de la méthode anesthésique ? Quels sont les inconvénients, les dangers qui l'accompagnent ? Ces inconvénients et ces dangers sont-ils assez graves pour la faire rejeter, au moins en partie ?

Pour apprécier les avantages qu'amène la suppression de la douleur, il suffit de connaître la fâcheuse influence que cet élément exerce si souvent dans les opérations chirurgicales[16]. Il serait inutile d'insister longuement sur cette considération. La seule appréhension de la douleur est déjà pour les malades une source de dangers. Les ouvrages de chirurgie en fournissent des preuves nombreuses, et l'on ne manque pas de citer, dans les cours de pathologie externe, le fait de ce malade qui mourut entre les mains de Desault, par le seul effet de la terreur que lui fit éprouver le simulacre de l'opération de la taille, que ce chirurgien exécutait en promenant son ongle sur la région périnéale. Le *Journal de médecine de Bordeaux* a rapporté, au mois de mai 1850 un fait presque semblable : un malade mourut de terreur au moment où M. Cazenave, s'apprêtant à lui faire subir l'opération de la taille, se mettait seulement en devoir d'introduire une sonde dans l'urètre.

Si l'appréhension seule de la douleur peut amener une si fatale issue, il est facile de comprendre l'influence funeste que cet élément doit exercer lorsqu'il est porté à un haut degré d'intensité. « La douleur est mère de l'inflammation, » a dit Sarcone, — « la douleur est mère de la mort, » pourrait-on ajouter. Les cas où la douleur seule a causé la mort par son intensité et sa durée, ne sont pas rares dans les annales de la chirurgie, et la chronique des hôpitaux n'est pas muette en récits de ce genre. On peut dire que, dans plusieurs de ces opérations graves et de longue durée, qui amènent fréquemment une issue funeste, telles que la taille et la désarticulation des membres, le patient a commencé de mourir sur la table. Dans son traité de l'*Irritation constitutionnelle*, le chirurgien anglais Travers, consacre une section de son livre à l'examen des effets de la douleur chirurgicale, et il entre en matière par cette phrase : « La douleur, quand elle a atteint un certain degré d'intensité et de durée, suffit pour donner la mort. » Delpech avait posé en principe qu'une opération ne saurait durer plus de trois quarts d'heure sans devenir une chance probable de mort ; encore est-il nécessaire, ajoutait-il, d'interrompre la douleur par des intervalles de repos. « La douleur tue comme l'hémorrhagie, » a dit Dupuytren. Selon ce grand chirurgien, l'épuisement de l'influx nerveux peut amener la mort, comme l'épuisement du sang.

Les suites et les conséquences de la douleur chirurgicale sont une autre source de dangers qui ont fait l'objet constant de l'étude des opérateurs. La douleur intense et prolongée qui accompagne certaines opérations chirurgicales, amène à sa suite un triste cortège d'effets morbides, qui réclament une grande part dans le chiffre effrayant que la statistique nous révèle touchant la mortalité des opérés. Les accidents nerveux, les convulsions, cette forme particulière de délire qui atteint les opérés, et qui porte le nom significatif de *délire traumatique*, la stupeur et quelquefois le tétanos, sont des conséquences naturellement et directement liées à l'ébranlement profond, provoqué au sein de l'économie par l'excès de la douleur. En supprimant cet élément, la méthode des inhalations anesthésiques conjure évidemment ses redoutables effets.

Si ces considérations n'étaient que la déduction simple et logique tirée *à priori* de l'examen général de la question, elles n'auraient ici qu'une valeur secondaire ; mais l'expérience des faits recueillis depuis plusieurs années, leur prête la force d'une vérité démontrée. La statistique est venue en outre leur fournir son irrécusable appui. MM. Simpson d'Edimbourg, Phillips de Liège, Malgaigne et Bouisson, ont dressé, avec des soins minutieux, le tableau statistique d'un grand nombre d'opérations exécutées avec ou sans l'emploi des agents anesthésiques. Le résultat unanime de ces comparaisons, c'est que la mortalité, à la suite des grandes opérations, a notablement diminué depuis l'introduction de l'éther et du chloroforme dans la pratique chirurgicale.

M. Simpson a rassemblé et comparé les résultats d'un grand nombre d'opérations exécutées dans les hôpitaux d'Angleterre, avec et sans le secours de l'éther, dans la vue de déterminer le chiffre de la mortalité dans les deux cas. Il a fait choix, pour ces comparaisons, de l'amputation des membres. Selon M. Simpson, les grandes amputations des membres sont généralement mortelles, dans la pratique des hôpitaux, dans la proportion de 1 sur 2 ou 3. Dans les hôpitaux de Paris, par exemple, elle s'élève, d'après des relevés qui appartiennent à Malgaigne, à plus de 1 sur 2. Dans les hôpitaux d'Angleterre, elle est, selon M. Simpson, de 1 sur 3 1/2. Or, les opérations pratiquées en Angleterre dans les mêmes hôpitaux, sur la même classe de sujets, mais avec l'éther, n'ont admis qu'une mortalité de 23 sur 100, c'est-à-dire 1 sur 4 à peu près. Il résulte de divers chiffres rapportés par M. Simpson, et que nous négligeons ici, que sur 100 amputés dans les hôpitaux anglais, il y en a 6 qui ont été sauvés avec l'éther et qui auraient succombé sans son emploi.

Mais la comparaison établie en réunissant toutes les amputations des membres, et confondant ainsi des opérations différentes, c'est-à-dire les amputations du bras, de la jambe et de la cuisse, pouvait laisser quelques doutes. M. Simpson a voulu étudier, sous ce rapport, une même opération, et il a choisi l'amputation de la cuisse. « Il y a peu ou point, dit M. Simpson, d'opérations de la chirurgie ordinaire et rationnelle, qui donnent des résultats plus funestes que l'amputation de la cuisse. La triste conclusion des statistiques des hôpitaux, selon M. Syme, est que la mortalité moyenne n'est pas moindre de 60 à 70 sur 100 ; en d'autres termes, qu'il meurt plus de 1 opéré sur 2. Sur les 987 amputations de cuisse, réunies par M. Phillips, 435 s'étaient terminées par la mort, c'est-à-dire 44 morts sur 100. « En résumant, » dit M. Curling, « le tableau des amputations pratiquées de 1837 à 1843 dans les hôpitaux de Londres, je trouve 434 cas d'amputation de la cuisse et de la jambe, dont 55 morts. » La proportion est de 41 pour 100. Dans les hôpitaux de Paris, sur 201 amputations de cuisse, Malgaigne a trouvé 126 morts. À l'infirmerie d'Édimbourg, il y a eu 21 morts sur 43 ; à Glascow, 46 morts sur 127. Dans mon propre tableau, sur 284 amputations de cuisse pratiquées dans trente hôpitaux d'Angleterre, il y a eu 107 morts.

« Au contraire, sur mes 145 amputés sous l'influence de l'éther, 37 seulement ont succombé.

« Ce qui revient à dire que l'amputation de la cuisse sans éther, tue la moitié ou le tiers des opérés, tandis qu'avec l'éther la mortalité est réduite au quart.

« Le tableau suivant résume ces résultats :

TABLEAU DE LA MORTALITÉ DANS LES AMPUTATIONS DE LA CUISSE, DRESSÉ PAR M. SIMPSON.

	OPÉRÉS.	MORTS.	PROPORTION DES MORTS.
SANS L'ÉTHER.			
Hôpitaux de Paris. — Malgaine	201	126	62 sur 100
Hôpitaux d'Édimbourg. — Peacock	43	21	49 sur 100
Collection générale. — Phillips	987	435	44 sur 100
Hôpital de Glascow. — Sawrie	127	46	36 sur 100
Hôpitaux anglais. — Simpson	284	107	38 sur 100
SOUS L'INFLUENCE DE L'ÉTHER.			
Hôpitaux anglais. — Simpson	145	27	25 sur 100

« Ce tableau montre, dit M. Simpson, qu'en prenant la mortalité la plus faible dans les amputés sans éther, c'est-à-dire les amputés de Glascow, l'emploi de l'éther aurait pu sauver 11 pour 100 de plus parmi les malades qui ont succombé. »

Ces résultats suffisent pour constater le progrès immense qu'a fait la chirurgie par l'emploi des agents anesthésiques. Il serait à désirer que l'on fît, dans nos grands hôpitaux, pour toutes les opérations, des relevés analogues à ceux que M. Simpson a dressés pour les amputations ; nous ne doutons pas qu'on n'arrivât à des conclusions toutes semblables. Un relevé de ce genre, fait par Roux à l'Hôtel-Dieu, a établi que la mortalité qui, à la suite des grandes opérations, était du tiers, n'a plus été que du quart, à la suite de l'application de la méthode anesthésique. M. Bouisson a fait un relevé de ce genre, sur ses propres opérations. Sur 92 malades opérés sous l'influence de l'éther ou du chloroforme, il n'a eu que 4 morts à regretter. Si l'on rapproche ce résultat remarquable du chiffre qui représente la mortalité des opérés dans les hôpitaux de Paris, on sera disposé à reconnaître sans peine, l'influence heureuse exercée sur la pratique chirurgicale, par la méthode américaine[17].

Il est bon d'ajouter que, d'après l'observation de tous les chirurgiens actuels, les suites des opérations présentent moins de gravité depuis l'emploi des inhalations anesthésiques, et que les plaies des amputés marchent plus vite vers la guérison. On est frappé, en lisant les détails du relevé donné par M. Bouisson, de la promptitude avec laquelle certains de ses opérés ont guéri. Un intervalle de six, de huit et de dix jours a suffi pour permettre le retour à la santé, dans des cas où la guérison exige en moyenne vingt jours et au delà. La plupart des amputations et des ablations de tumeurs ont guéri dans un délai de dix à quinze jours, et une amputation de bras n'en a exigé que six. L'expérience des autres chirurgiens confirme les données tirées de la pratique de M. Bouisson. Enfin il est reconnu que l'emploi des anesthésiques abrège le temps de la convalescence chez les opérés. M. Delavacherie, de Liège, s'est adonné particulièrement à la recherche de ce genre de vérification. De tous les faits recueillis et analysés par ce chirurgien, il résulte que l'influence de l'éther dans les opérations, a toujours été heureuse ; que les plaies marchent vers la cicatrisation après l'emploi de l'éther, comme chez les sujets qui ont été opérés sans son aide, et que s'il existe une différence, elle est en faveur de ceux qui ont été éthérisés ; enfin, que la guérison n'a jamais été moins prompte, et que quelquefois elle l'a été davantage[18].

Les chiffres et les faits établissent donc, d'une manière péremptoire, l'utilité de la méthode anesthésique. Elle a abaissé, dans une proportion notable, le chiffre de la mortalité des opérés ; ainsi elle a atteint ce grand résultat, de prolonger dans une certaine mesure la durée moyenne de la vie. On peut donc hardiment avancer, à ce titre, que l'éthérisation est une des plus précieuses conquêtes dont la chirurgie se soit enrichie depuis son origine.

Mais l'éthérisation ne participerait pas de la nature des inventions humaines, si quelques inconvénients ne se liaient à son emploi, si à côté de ses avantages on ne pouvait signaler quelques dangers plus ou moins graves, si un peu d'ombre ne se mêlait à sa bienfaisante lumière. Nous ne devons et nous ne voulons dissimuler en rien cette face de la question. Il importe que les dangers qui peuvent résulter de l'emploi de l'anesthésie soient bien connus ; car, si ces dangers existent, ils sont d'autant plus graves qu'ils empruntent l'apparence d'un bienfait. Disons-le donc sans détour, les inhalations d'éther ont provoqué plusieurs accidents sérieux, les inhalations de chloroforme ont plusieurs fois amené la mort. La gravité de ce sujet nous oblige à l'examiner avec quelques détails.

Ce n'est que plus d'un an après la découverte et l'emploi général de la méthode anesthésique que s'est élevée la question du danger des inhalations stupéfiantes. Des milliers de malades avaient déjà éprouvé les avantages de l'anesthésie et en bénissaient les bienfaits, lorsque quelques accidents signalés en Angleterre à la suite de l'administration de l'éther, vinrent troubler la sécurité parfaite dans laquelle les chirurgiens avaient vécu jusqu'à cette époque. Disons-le cependant, ces premiers faits étaient mal interprétés, et les craintes qui s'élevèrent alors étaient marquées au coin d'une singulière exagération.

Le premier événement fâcheux attribué à l'emploi de l'éther fut publié à la fin de février 1848, par la *Gazette médicale de Londres*. Il s'agissait d'un jeune apprenti, âgé de onze ans, nommé Albin Burfitt, qui avait eu les deux cuisses saisies par l'engrenage d'une mécanique. Il en était résulté une fracture avec une telle dilacération des parties molles, que l'amputation fut jugée indispensable. Elle fut pratiquée par M. Newman, le 23 février 1848. Malgré l'usage des inhalations éthérées, le jeune malade ressentit beaucoup de douleur dans les premiers temps de l'amputation. Après l'opération, il tomba dans un état de prostration profonde et mourut trois heures après. La mort du jeune Burfitt ne pouvait évidemment se rapporter à l'action de l'éther ; les graves désordres dont l'économie avait été le théâtre, les douleurs excessives que le sujet avait ressenties dans les premiers instants de l'opération, et qui d'ailleurs s'expliquent par ce fait, que le chirurgien avait opéré pendant la période de l'excitation éthérée, c'est-à-dire dans un moment où, comme nous l'avons vu, la sensibilité est accrue, enfin l'épuisement nerveux qui avait été la conséquence de l'ébranlement profond imprimé à l'organisme, rendaient suffisamment compte de cette mort. Aussi ce fait ne causa-t-il qu'une assez faible sensation.

Il en fut autrement d'un événement semblable arrivé quelques jours après. Le 18 mars, une enquête fut ouverte devant le coroner du comté de Lincoln, à l'occasion d'une jeune femme, nommée Anne Parkisson, qui mourut trois jours après l'emploi des inhalations d'éther. Ce fait fut porté devant les tribunaux, et le coroner décida que l'opérée était morte « par l'effet de la vapeur d'éther qu'on lui avait fait respirer. » Mais un jury plus compétent eût tenu compte, pour absoudre l'agent incriminé, de l'état naturel de faiblesse de la malade, de la longueur de l'opération, des phénomènes nerveux qui l'avaient suivie, et surtout des faits que révéla l'autopsie cadavérique.

Le dernier cas de mort signalé à cette époque en Angleterre, comme consécutif à l'administration de l'éther, est celui d'un homme âgé de cinquante-deux ans, nommé Thomas Herbert, opéré de la taille par M. Roger Nunn, chirurgien de l'hôpital de Colchester, à Essex, et qui mourut cinquante heures après l'opération. Ici la taille avait été pratiquée chez un sujet épuisé, et nous n'avons pas besoin de dire que l'on a vu cent fois, après la cystotomie, la mort par épuisement nerveux arriver dans un délai beaucoup plus court, sans que l'on eût fait usage des anesthésiques[19].

En France, aucun cas de mort réellement imputable à l'éther n'avait été signalé, avant le fait observé à l'Hôtel-Dieu d'Auxerre, le 10 juillet 1847, sur un ouvrier bavarois, âgé de cinquante-cinq ans, affecté d'un cancer au sein, et qui mourut pendant l'opération même, avec des signes évidents d'asphyxie. Le défaut de surveillance dans l'administration de l'éther, qui fut probablement employé de manière à amener l'asphyxie par privation d'air, et en outre l'insuffisance des moyens mis en usage pour ramener le malade à la vie, marquent suffisamment la cause de cette mort.

Jusqu'à la fin de 1848, les dangers liés à l'emploi des anesthésiques, restèrent donc enveloppés de beaucoup de doutes. Parmi tous les cas de mort attribués à l'éther, il n'en était pas un seul dans lequel on ne pût rapporter à une autre circonstance, la cause des accidents, et ces événements, perdus d'ailleurs au milieu d'une masse innombrable de faits contraires, n'avaient eu d'autre résultat que celui d'inspirer aux chirurgiens, une prudente réserve dans l'administration d'une substance qui, employée sans discernement, pouvait amener de fâcheux mécomptes. Mais la scène changea à l'apparition du chloroforme. Deux mois s'étaient à peine écoulés, depuis que M. Simpson avait fait connaître sa découverte, lorsque quelques événements funestes vinrent réveiller les premières alarmes. La rapidité avec laquelle le chloroforme exerce son action faisait assez comprendre, qu'entre des mains inexpérimentées ou inhabiles, il pourrait provoquer de dangereux accidents. M.

Sédillot le comprit le premier, et dans la séance de l'Académie de médecine, du 25 janvier 1848, il communiquait ses craintes aux chirurgiens. Ses prévisions ne tardèrent pas à se réaliser. Quelques faits, observés d'abord en Angleterre et bientôt après en France, vinrent jeter sur la question de sinistres lumières. Il ne s'agissait plus de ces cas problématiques, offrant à la discussion d'inépuisables ressources ; il ne s'agissait plus, comme avec l'éther, de morts survenues quelques heures ou quelques jours après l'administration des vapeurs anesthésiques : c'est pendant la durée de l'opération et sous le couteau du chirurgien, que les individus avaient expiré ; commencée sur un malade, l'incision s'était achevée sur un cadavre. La mort était même arrivée quelquefois avant le commencement de l'opération, et lorsque le malade respirait encore les vapeurs anesthésiques : avant que la main du chirurgien fût armée, l'individu était tombé comme frappé de la foudre.

Au mois de juillet 1848, un événement déplorable arrivé à Boulogne arracha les derniers voiles qui cachaient une vérité pénible. Mademoiselle Stock, soumise, pour une opération de peu d'importance, à l'action du chloroforme, tomba comme foudroyée, entre les mains du chirurgien. La justice ayant cru devoir intervenir dans cette affaire, le ministre demanda à l'Académie de médecine des éclaircissements à l'occasion de ce fait, et le chirurgien incriminé ayant, de son côté, transmis à la même Société savante, tous les détails de l'événement, l'Académie s'occupa aussitôt d'étudier, avec toute l'attention qu'il exigeait, cet important problème.

Une commission ayant été instituée dans le sein de l'Académie de médecine, Malgaigne, choisi comme rapporteur, présenta à l'Académie, au mois de novembre 1848, un rapport développé sur cette question. Rassemblant la plupart des événements du même genre disséminés dans les recueils scientifiques, Malgaigne apportait un relevé, complet pour cette époque, des différents cas de mort imputables au chloroforme. La réunion de ces faits avait, en soi, une triste éloquence, et le public médical s'en émut avec raison. Comme, en de telles questions, les faits nous paraissent devoir parler plus haut que tous les raisonnements que l'on pourrait invoquer, nous allons les faire connaître d'après le travail du savant rapporteur de l'Académie.

Le premier des cas de mort recueilli par Malgaigne, est celui d'Hannah Greener, publié par les journaux anglais en 1848.

Hannah Greener était une belle jeune fille de quinze ans, affectée seulement d'un ongle incarné. Elle s'adressa au docteur Meggisson, qui jugea nécessaire d'enlever à la fois l'ongle et sa matrice. Déjà, auparavant, la jeune fille avait subi l'ablation de cet ongle ; mais la matrice respectée avait ramené la maladie, Pour cette première opération, elle avait aspiré l'éther et n'avait éprouvé aucune douleur ; seulement elle avait ressenti un mal de tête assez violent. On lui promit qu'avec le chloroforme elle n'aurait rien de semblable à redouter. Malgré cette assurance, dit Malgaigne, l'opération lui faisait peur, et toute la journée qui précéda, elle parut fort tourmentée, criant continuellement et désirant mourir plutôt que de s'y soumettre. C'est dans cet état que M. Meggisson la trouva le vendredi 28 janvier. Il essaya inutilement de calmer ses appréhensions. Elle se plaça sur la chaise en sanglotant. L'opérateur versa une cuillerée à thé de chloroforme sur un mouchoir, qu'il appliqua devant le nez et la bouche. Hannah Greener fit deux inspirations, puis repoussa la main de l'opérateur. Celui-ci lui commanda de tenir ses mains sur ses genoux, et elle respira alors le chloroforme pendant une demi-minute environ. La respiration n'étant pas stertoreuse et aucun autre phénomène ne s'étant présenté, M. Meggisson dit à son aide de procéder à l'opération. Celui-ci achevait l'incision demi-circulaire autour de l'ongle, quand la jeune fille fit un brusque mouvement comme pour échapper. M. Meggisson pensa que le chloroforme n'agissait pas suffisamment, et il en remettait d'autre sur le mouchoir, quand il vit soudainement les lèvres et la face pâlir, et un peu d'écume sortir de la bouche, comme dans une attaque d'épilepsie. Il lui ouvrit les yeux, ils restèrent ouverts ; il lui jeta de l'eau à la figure, il lui administra de l'eau-de-vie, dont elle avala un peu avec difficulté. Il l'étendit sur le plancher, et essaya de lui ouvrir une veine du bras, puis la veine jugulaire ; le sang ne coula pas. En un mot, moins d'une minute après l'apparition des premiers accidents, elle avait cessé de respirer, elle était morte. Depuis le commencement de l'inhalation jusqu'au moment de la mort, il ne s'était pas écoulé plus de trois minutes.

Fig. 351. — Mort de Hannah Greener, pendant l'inspiration des vapeurs de chloroforme.

Une enquête judiciaire fut ouverte à l'occasion de ce fait. D'après les résultats de l'autopsie, qui fut pratiquée le lendemain, le docteur John Fife crut devoir rapporter la mort à l'action du chloroforme.

L'auteur de la découverte des propriétés anesthésiques du chloroforme, M. Simpson, ne manqua pas de se porter à sa défense ; il prétendit que la mort devait être attribuée non au chloroforme, mais bien aux moyens employés pour rappeler la malade à la vie. Selon lui, Hannah Greener aurait éprouvé tout simplement une syncope durant laquelle la déglutition était impossible ; en conséquence, le liquide qu'on avait voulu lui faire avaler aurait rempli le pharynx jusqu'au-dessus de l'ouverture de la glotte, et de là un obstacle à la respiration qui, dans l'état de faiblesse de la jeune fille, avait suffi pour déterminer la suffocation.

L'argumentation de M. Simpson fut réfutée avec vigueur ; mais pendant que ce débat s'agitait, un autre événement vint donner à ses adversaires de puissantes armes.

Arthur Walker, apprenti droguiste, âgé de dix-neuf ans, s'était fait une déplorable habitude de respirer le chloroforme pour se procurer les jouissances de l'ivresse. Le 8 février, on le vit peser une once de ce liquide, puis appliquer son mouchoir sur sa bouche, et il ne tarda pas à être pris d'une certaine excitation. Il n'y avait avec lui qu'un enfant dans le magasin, et comme on connaissait sa violence toutes les fois qu'on cherchait à lui retirer le flacon de chloroforme, l'enfant le laissa faire. Arthur Walker se retira au fond de la boutique, et là, posant sa tête sur le comptoir, il se mit à respirer le chloroforme en disposant son tablier au-devant de sa bouche. Dans ce moment, une personne entra dans le magasin, et, le croyant endormi, lui frappa sur l'épaule en lui disant : « Est-ce que vous dormez à l'heure qu'il est ? » Comme l'apprenti ne répondait point, on se détermina à aller chercher son père, qui seul, en pareil cas, avait quelque puissance sur lui. Arthur Walker resta donc dans le même état environ vingt minutes. Quand son père arriva et lui releva la tête, il était mort. On essaya de le saigner, on tenta même la respiration artificielle à l'aide d'un soufflet introduit par une ouverture dans la trachée, mais tout fut inutile.

Ces deux accidents s'étaient suivis à deux jours d'intervalle ; quinze jours après, un malheur du même genre venait effrayer les médecins américains.

Mistress Martha Simmons, âgée de trente-cinq ans et jouissant d'une bonne santé, éprouvait à la face et dans l'oreille quelques douleurs que l'on rapportait à l'existence d'une dent cariée. Le 23 février, elle se mit en route, et fit à pied trois quarts de mille pour aller chez son dentiste se faire arracher quelques racines de dents. Elle fut soumise à l'inhalation du chloroforme, en présence de deux dames de ses amies, qui rapportèrent ensuite les détails suivants :

« Les mouvements respiratoires paraissaient se faire librement ; la poitrine se soulevait. Mais après quelques inhalations, la face devint pâle. Au bout d'une minute environ, le dentiste appliqua ses instruments, et ôta quatre racines de dents. La malade poussa un gémissement, et manifesta, pendant l'opération, des indices de souffrance, sans proférer cependant une parole, ni donner aucun signe de connaissance. Après l'extraction de la dernière racine, c'est-à-dire environ deux minutes après le commencement de l'inhalation, la tête se tourna de côté, les bras se roidirent légèrement et le corps se rejeta un peu en arrière. Dans ce moment, mistress Pearson, l'une des assistantes, ayant mis le doigt sur le pouls, observa qu'il était faible, et presque immédiatement il cessa de battre ; la respiration cessa à peu près en même temps. La figure, de pâle qu'elle était d'abord, devint livide ; les ongles des doigts prirent la même teinte ; la mâchoire inférieure s'abaissa ; la langue fit une légère saillie à l'un des coins de la bouche ; et les bras tombèrent dans un relâchement complet. Les deux dames la considérèrent alors comme morte. On fit de vains efforts pour la rappeler à la vie : ammoniaque sous les narines, eau froide jetée à la figure, application de moutarde, d'eau-de-vie, etc. On finit par la transporter de la chaise où elle était, sur un sopha ; elle ne donna ni un signe de respiration, ni un signe de vie. »

Walter Badger, âgé de vingt-trois ans, jouissait habituellement d'une bonne santé bien qu'il se plaignît fréquemment de violents battements de cœur. Le 30 juin 1848, il se présenta chez M. Robinson, dentiste, pour se faire arracher plusieurs dents. Il désirait être endormi par le chloroforme, bien que son médecin, dit Malgaigne, l'en eût dissuadé, en raison de sa maladie du cœur. M. Robinson le soumit donc à l'appareil à éthérisation : le patient aspira la vapeur de chloroforme pendant environ une minute ; il dit alors qu'il croyait que le chloroforme n'était pas assez fort. Le dentiste le quitta pour aller chercher son flacon et remettre un peu de liquide dans l'appareil. Walter Badger fut ainsi laissé environ trois quarts de minute ; dans ce court espace de temps, sa main tomba, abandonnant l'appareil qu'il tenait lui-même, la tête s'inclina sur la poitrine ; il était mort. M. Robinson lui tâta le pouls, envoya en toute hâte chercher le docteur Waters, qui essaya la saignée, et ne put obtenir qu'une demi-cuillerée d'un sang très-noir. Pendant une demi-heure, on tenta l'inspiration artificielle, les frictions et d'autres remèdes, le tout en vain.

Louis Figuier

Une enquête fut ouverte à l'occasion de ce fait qui constitue, sans aucun doute, l'un des plus sérieux arguments contre le chloroforme, car rien ici ne peut être attribué à l'asphyxie. Lorsque Walter Badger tomba, il n'avait cessé d'aspirer le chloroforme, et, selon le récit officiel de l'événement, « une minute avant de tomber, le patient parlait et riait. » Cependant le jury déchargea M. Robinson de la responsabilité de ce malheur.

Là s'arrête la liste funèbre recueillie par Malgaigne dans les journaux anglais. Nulle catastrophe de ce genre n'avait encore été observée en France avec le chloroforme. lorsque l'Académie de médecine reçut la communication du fait de Boulogne. Nous n'avons signalé ce fait que d'une manière sommaire ; c'est ici le lieu de le faire connaître avec plus de détails.

Mademoiselle Stock, âgée de trente ans, grande et bien constituée, avait été, en tombant de voiture, légèrement blessée à la cuisse par un fragment de bois qui n'avait produit qu'une petite déchirure à la peau. Il se forma bientôt en ce point, un petit abcès qui vint à suppuration ; on jugea nécessaire d'inciser la peau, et le docteur Gorré fut appelé pour cette petite opération. Mademoiselle Stock désira être endormie par le chloroforme ; M. Gorré revint donc le lendemain, 26 mai, muni d'un flacon de ce liquide. La malade était gaie et exempte de toute préoccupation ; son médecin ordinaire et une sage-femme assistaient à l'opération.

« Je plaçai, dit le docteur Gorré, sous les narines de la malade, un mouchoir sur lequel avaient été jetées quinze à vingt gouttes au plus de chloroforme. À peine a-t-elle fait quelques inspirations qu'elle porte la main sur le mouchoir pour l'écarter et s'écrie d'une voix plaintive : *j'étouffe*. Puis tout aussitôt le visage pâlit, les traits s'altèrent, la respiration s'embarrasse, l'écume vient aux lèvres. À l'instant même (et cela très-certainement moins d'une minute après le début de l'inhalation), le mouchoir aspergé de chloroforme est retiré. Mais persuadé que les accidents ne sont que passagers et qu'il va suffire, pour que l'effet cesse, d'avoir supprimé la cause, je m'empresse de glisser par la petite plaie fistuleuse qui existe à la cuisse une sonde cannelée sur laquelle j'incise le décollement jusqu'à ses limites, c'est-à-dire dans une étendue de 6 à 7 centimètres, et je retire du fond de cette plaie un petit fragment de bois mince et pointu.

« Durant le temps infiniment court, que prend cette petite opération, mon confrère cherche par tous les moyens à remédier à cette annihilation imminente de la vie. Je me joins à lui, et tous deux nous mettons en œuvre avec activité, les mesures les plus propres à, conjurer une issue fatale. Frictions sur les tempes, sur la région précordiale, projection d'eau fraîche sur le visage, titillation de l'arrière-bouche avec les barbes d'une plume, insufflation de l'air dans les voies aériennes, ammoniaque sous les narines, tout ce qu'il est possible de faire en pareil cas, est tenté par mon confrère et par moi pendant deux heures. Tout fut inutile ; la malade était morte. »

Fig. 352. — Malgaigne.

Mentionnons encore un fait du même genre observé à Paris, dans le service de Robert.

Pendant les journées de juin 1848, un Alsacien, âgé de vingt-quatre ans, nommé Daniel Schlyg, avait eu la cuisse fracassée par une balle, avec une telle dilacération des parties molles, que Robert jugea tout de suite indispensable, la désarticulation du membre ; mais l'état de prostration du malade ne permettait pas de la pratiquer immédiatement. Deux jours après, la cuisse était très-tuméfiée, les douleurs très-vives, le pouls petit et sans résistance, le moral plus abattu que jamais par un sombre désespoir. Toutes les conditions étaient donc défavorables pour l'amputation ; mais le malade la réclamait, et Robert s'y décida. On lui fît respirer du chloroforme : au bout de trois à quatre minutes, il éprouva quelques légères convulsions, et bientôt après il tomba dans un état de collapsus complet. Le chirurgien commença alors la grave opération de la désarticulation de la cuisse. L'opérateur avait taillé le lambeau antérieur et lié les vaisseaux ; il ne restait qu'à désarticuler le fémur et à tailler le lambeau postérieur ; mais le sujet commençant à s'éveiller, Robert prescrivit une nouvelle inhalation de chloroforme, tout en continuant l'opération. Un quart de minute s'était à peine écoulé, que la respiration devint stertoreuse. L'inhalation fut aussitôt suspendue. Le visage était très-pâle, les lèvres décolorées, les pupilles dilatées, les yeux renversés sous les paupières supérieures. Le chirurgien suspendit l'opération pour essayer de ranimer le malade, mais la respiration devint rare et suspirieuse, le pouls ne se sentait plus, les membres étaient dans un état complet de résolution. On essaya les frictions sur la peau, les irritations de la membrane pituitaire, le soulèvement cadencé des bras et du thorax ; plusieurs fois la respiration sembla se ranimer, et le pouls devint appréciable ; mais, après trois quarts d'heure d'efforts incessants, tout espoir s'évanouit, et l'on n'eut entre les mains qu'un cadavre.

Tels sont les faits qui devinrent le texte de la discussion importante qui eut lieu, en 1848, à l'Académie de médecine. Malgaigne ne crut point y trouver des motifs suffisants pour condamner l'emploi du chloroforme. Parmi tous les faits exposés dans son rapport, Malgaigne n'en admettait que trois dans lesquels la mort fût positivement imputable au chloroforme. Les autres cas s'expliquent, selon lui, soit par l'asphyxie, soit par des morts subites déterminées par certaines lésions organiques dont les individus étaient affectés.

Les explications données par Malgaigne ne parurent point répondre à la gravité des faits constatés. Ranger dans la catégorie équivoque des morts subites la plupart de ces faits, était une espèce de faux-fuyant qui, en général, parut d'assez mauvais goût. Si les sujets qui ont succombé portaient des lésions organiques suffisantes pour amener subitement la mort, elles devaient sauter aux yeux du clinicien le moins exercé ; comment se fait-il dès lors que personne n'ait su les diagnostiquer d'avance ? Si ces altérations avaient présenté une certaine gravité, le praticien n'eût pas manqué de les reconnaître, et, dans ce cas, il se fût dispensé d'opérer. Sans doute, chez quelques-uns de ces malades, certaines dispositions individuelles avaient pu seconder l'action léthifère du chloroforme ; mais il n'y avait rien là qui menaçât directement et actuellement leur vie. D'ailleurs, dans tous les autres cas, les sujets jouissaient d'une santé parfaite, et ne se présentaient que pour subir des opérations insignifiantes : deux venaient se faire arracher une dent, le troisième arracher un ongle, le quatrième inciser un petit abcès, le cinquième ne respirait le chloroforme que pour se procurer un état d'ivresse. Il fallait évidemment une certaine complaisance pour affirmer que tous ces individus étaient sous l'imminence d'une mort subite.

Il est tout aussi difficile d'admettre, avec Malgaigne, que la plupart des cas de mort analysés dans son travail puissent reconnaître pour cause l'asphyxie. Il n'existe point, selon nous, de cause d'asphyxie qui amène la mort en trois minutes ; il n'est pas dans la nature de l'asphyxie de tuer aussi soudainement, et surtout de résister à toute la série, si bien entendue, des moyens que l'on s'est hâté de mettre en œuvre pour la combattre.

Ainsi, il était plus simple, et en même temps plus conforme aux faits, de rapporter ces diverses morts à une action toxique propre au chloroforme. Ce composé appartient, en effet, à la classe des poisons les plus actifs, et c'est ce qu'a parfaitement démontré M. Jules Guérin, qui a émis en même temps, des vues aussi neuves que justes sur le mode d'action du chloroforme. M. Guérin a établi que le chloroforme peut exercer de deux manières son action délétère, sur l'homme et les animaux qui le respirent ; 1° d'une manière foudroyante, en sidérant subitement l'économie, en altérant subitement la vie dans sa source même, comme le font les poisons septiques, tels que l'acide cyanhydrique ou l'hydrogène arsénié ; 2° par suite d'une action particulière sur l'appareil nerveux qui préside à l'exercice de la fonction respiratoire, laquelle se trouve arrêtée et laisse ainsi apparaître les phénomènes de l'asphyxie. Ces deux modes différents de l'action du chloroforme rendent compte de la diversité des circonstances qu'ont présentées les cas de mort, observés à la suite de l'administration de cet agent. M. Guérin a montré, de plus, que certaines dispositions individuelles, ou bien quelques états physiques particuliers, tels que la faiblesse, par suite de saignée, de diète, de maladie, l'âge, etc., rendent l'homme plus accessible à l'action léthifère du chloroforme[20].

Cependant cette doctrine ne prévalut point devant l'Académie de médecine. Mue par un sentiment louable, puisqu'elle désirait surtout ne pas discréditer à son début l'emploi des anesthésiques, et ne pas faire perdre à la chirurgie une de ses plus belles conquêtes, la majorité de l'Académie, entrant dans les vues de son rapporteur, crut devoir absoudre le chloroforme des revers qui lui étaient attribués. Voici, en effet, les conclusions adoptées par l'Académie à la suite de la discussion du rapport de Malgaigne.

En ce qui touche la mort de mademoiselle Stock, on formula les conclusions suivantes :

« 1° La mort ne saurait être attribuée, en aucune façon, à l'action toxique du chloroforme.

« 2° Il existe dans la science un grand nombre d'exemples tout à fait analogues de morts subites et imprévues, soit à l'occasion d'une opération, soit même en dehors de toute opération, mais surtout en dehors de toute application du chloroforme, sans que les recherches les plus minutieuses permettent toujours d'assigner la cause de la mort.

« 3° Toutefois, dans le cas en question, l'explication la plus probable paraît être l'immixtion d'une quantité de fluide gazeux dans le sang. »

En ce qui touche la nocuité ou l'innocuité générale du chloroforme, l'Académie adopta les conclusions suivantes :

« 1° Le chloroforme est un agent des plus énergiques qu'on pourrait rapprocher de la classe des poisons, et qui ne doit être manié que par des mains expérimentées.

« 2° Le chloroforme est sujet à irriter, par son odeur et son contact, les voies aériennes, ce qui exige plus de réserve dans son emploi lorsqu'il existe quelque affection du cœur ou des poumons.

« 3° Le chloroforme possède une action toxique propre, que la médecine a tournée à son profit en l'arrêtant à la période d'insensibilité, mais qui, trop longtemps prolongée, ou à dose trop considérable, peut amener directement la mort.

« 4° Certains modes d'administration apportent un danger de plus, étranger à l'action du chloroforme lui-même : ainsi on court des risques d'asphyxie, soit quand les vapeurs anesthésiques ne sont pas suffisamment mêlées d'air atmosphérique, soit quand la respiration ne s'exécute pas librement.

« 5° On se met à l'abri de tous ces dangers en observant exactement les précautions suivantes : 1° S'abstenir ou s'arrêter dans tous les cas de contre-indication bien avérée, et vérifier avant tout l'état des organes de la circulation et de la respiration ; 2° prendre soin, pendant l'inhalation, que l'air se mêle suffisamment aux vapeurs du chloroforme, et que la respiration s'exécute avec une entière liberté ; 3° suspendre l'inhalation aussitôt l'insensibilité obtenue, sauf à y revenir quand la sensibilité se réveille avant la fin de l'opération. »

Ainsi, le chloroforme sortait victorieux du débat académique. La méthode anesthésique avait obtenu, de l'issue de ces discussions, une consécration solennelle, et le chloroforme conservait, dans la pratique des opérations, la place qu'il avait conquise. Le rapport académique le rangeait, il est vrai, au nombre des poisons, mais on l'amnistiait de toute conséquence fâcheuse, en ajoutant que certaines précautions déterminées mettent les malades « à l'abri de tous dangers. »

Confiants dans l'opinion et les hautes lumières de notre premier corps médical, les praticiens reprirent donc l'emploi du chloroforme, dans le cours des opérations douloureuses Mais des faits nouveaux et d'une gravité impossible à dissimuler ou à méconnaître, vinrent apporter, contre les conclusions académiques, de tristes et irrécusables arguments. C'est le 6 février 1849 que fut adopté, par l'Académie, le rapport de Malgaigne ; six jours après, le 12 du même mois, un journal de médecine publiait le récit détaillé d'un nouveau cas de mort par le chloroforme, exposé avec la plus honorable loyauté, par l'un des chirurgiens les plus distingués des hôpitaux de Lyon. Il s'agissait d'un jeune homme de dix-sept ans, exerçant la profession de carrier, et qui était entré à l'hôtel-Dieu de Lyon, pour y subir la désarticulation d'un doigt. Ce fait répond sans réplique à tous les arguments invoqués en faveur du chloroforme, car il démontre avec évidence que toute l'habileté et toute la prudence du chirurgien demeurent insuffisantes dans certains cas, pour conjurer les dangers auxquels expose l'administration de cet agent. On nous permettra donc de rappeler les termes mêmes de l'observation publiée par M. Barrier.

« Le jour venu, dit le chirurgien de Lyon, après s'être assuré que le malade jouit d'une bonne santé et n'a pris aucun aliment, on le fait placer sur un lit et on le soumet à l'inhalation du chloroforme, qu'il a désirée et qui ne lui inspire aucune appréhension. Le flacon qui renferme l'agent anesthésique est le même qui a servi, un instant auparavant, à endormir une jeune fille chez laquelle tout s'est passé régulièrement. On se sert, comme d'ordinaire, d'une compresse à tissu très-clair, étendue au-devant du visage, laissant un passage facile à l'air atmosphérique, et l'on verse le chloroforme par gouttes, à plusieurs reprises, sur la portion de la compresse qui correspond à l'ouverture du nez. Deux aides, très-habitués à la chloroformisation, en sont chargés, et explorent en même temps le pouls aux radiales. L'opérateur surveille et dirige le travail des aides.

« Après quatre à cinq minutes, le malade sent et parle encore. Une minute de plus s'est à peine écoulée, que le malade prononce quelques mots et manifeste une légère agitation. Il a absorbé tout au plus six à huit grammes de chloroforme, ou plutôt c'est cette quantité qui a été versée sur la compresse, et l'évaporation en a nécessairement entraîné la plus grande partie. Le pouls est resté d'une régularité parfaite sous le rapport du rhythme et de la force des battements.

« Tout à coup le patient relève brusquement le tronc et agite les membres, qui échappent aux aides ; mais ceux-ci les ressaisissent promptement et remettent le malade en position. Ce mouvement n'a pas duré certainement plus d'un quart de minute, et cependant l'un des aides annonce immédiatement que le pouls de l'artère radiale a cessé de battre. On enlève le mouchoir ; la face est profondément altérée. L'action du cœur a cessé tout à fait : plus de pouls nulle part, plus de bruit dans la région du cœur. La respiration continue encore, mais elle devient irrégulière, faible, lente, et cesse enfin complètement dans l'espace d'une demi-minute environ.

« Au premier signal donné, on a dirigé des moyens énergiques contre les accidents, dont la gravité a été immédiatement comprise. On approche de l'ouverture du nez, un peu d'ammoniaque sur un linge ; on en verse une grande quantité sur le thorax et sur l'abdomen, que l'on frictionne avec force. On cherche à irriter, avec la même substance, les parties les plus sensibles des téguments. On applique de la moutarde, on incline la tête hors du lit, enfin on cherche à ranimer la respiration par des pressions alternatives sur l'abdomen et sur la poitrine. Après deux ou trois minutes la respiration reparaît et prend même une certaine ampleur, mais le pouls ne se révèle nulle part. On insiste sur les frictions. La respiration se ralentit de nouveau et cesse encore une fois. L'espérance qu'on avait conçue s'évanouit. On insuffle de l'air dans la bouche et jusque dans le larynx, en portant une sonde à travers l'ouverture de la glotte, parce qu'en soufflant dans la bouche on s'aperçoit que l'air passe dans l'estomac. Des fers à cautère ayant été mis au feu dès le début des accidents, le chirurgien cautérise énergiquement les régions précordiale, épigastrique, prélaryngienne. Le pouls ne reparaît point. On continue pendant plus d'une demi-heure tous les efforts imaginables pour ramener le malade à la vie ; ils restent inutiles. »

Quelques mois après, un autre événement du même genre fut communiqué à l'Académie de médecine par M. Confévron, médecin des hôpitaux de Langres. Il se rapporte à une dame de trente-trois ans, madame Labrune, qui succomba à l'action du chloroforme administré pour faciliter l'extraction d'une dent.

Madame Labrune avait déjà été soumise, sans le moindre accident, aux inhalations d'éther. Le 24 août 1849, son médecin, M. de Confévron, crut devoir la soumettre, en présence d'un dentiste, à l'action du chloroforme. Il plaça sur un mouchoir un morceau de coton imbibé d'environ un gramme de cette substance. Madame Labrune l'approcha elle-même de ses narines et le respira à quelque distance, de manière à permettre le mélange de l'air aux vapeurs anesthésiques. En huit ou dix minutes l'effet se fit sentir ; on le remarqua au clignotement des paupières. Le médecin indiqua alors au dentiste, placé derrière la malade, qu'il pouvait agir ; mais la patiente, qui avait l'habitude de l'éthérisation, ne se sentant pas suffisamment engourdie, repoussa la main de l'opérateur, et faisant comprendre par signes que l'insensibilité n'existait pas encore, elle rapprocha le mouchoir de ses narines et fit rapidement quatre ou cinq inspirations plus larges. À cet instant, le médecin lui retira lui-même le mouchoir qu'elle serrait sous son nez. Il ne la quitta des yeux que pendant le temps nécessaire pour poser le mouchoir sur un meuble voisin, et déjà, lorsqu'il reporta ses regards sur elle, la face était pâle, les lèvres décolorées, les traits altérés, les yeux renversés, les pupilles horriblement dilatées, les mâchoires contractées de manière à empêcher l'opération du dentiste, la tête renversée en arrière ; le pouls avait disparu, les membres étaient dans un état complet de résolution. Quelques inspirations éloignées furent les seuls signes de vie que la malade donna. Les moyens les plus rationnels furent employés, mais en vain, pour la rappeler à elle[21].

Ces deux faits, dont le dernier avait reçu de la presse périodique un grand retentissement, émurent vivement le public et le monde médical lui-même. Une malheureuse affaire du même genre étant, sur ces entrefaites, arrivée à Paris dans la pratique civile, la justice s'en saisit, et porta devant les tribunaux une question de responsabilité médicale qui touchait, dans ses intérêts les plus directs, la pratique de l'art. La question des inhalations anesthésiques, au moyen du chloroforme, exigeait donc une étude et un examen nouveaux. Intimidés par les poursuites judiciaires, dirigées à l'occasion de l'affaire Triquet, quelques chirurgiens demeuraient incertains sur la conduite à suivre et demandaient des garanties devant le public et devant leur conscience contre les conséquences de faits semblables. C'est sous l'empire de ces circonstances que la question des inhalations chloroformiques fut portée, en 1853, devant la Société de chirurgie.

L'attention de cette Société savante avait été attirée sur cet important sujet par un événement funeste qui s'était passé à l'hôpital d'Orléans sous les yeux du chirurgien en chef. Le 20 décembre 1852, un jeune soldat opéré pour l'ablation de deux petits kystes situés dans la joue gauche, était mort sous les yeux et entre les mains de l'opérateur, quatre minutes après l'inspiration des premières vapeurs chloroformiques. Le chirurgien de l'Hôtel-Dieu d'Orléans, M. Vallet, ayant adressé à la Société de chirurgie, la relation de ce fait, fournit à cette réunion savante l'occasion de soumettre à une étude approfondie la méthode anesthésique, et de s'occuper en particulier de l'examen des dangers qui se rattachent à l'emploi du chloroforme. La commission, organisée dans le sein de la Société de chirurgie pour l'étude de cette question, confia au docteur Robert, chirurgien de l'hôpital Beaujon, la rédaction de son rapport.

Le travail étendu que Robert présenta à la Société de chirurgie au mois de juin 1853, devint, dans le sein de cette Société, le texte d'une longue et intéressante discussion, où furent successivement approfondies toutes les questions qui se rapportent à l'emploi des anesthésiques et les moyens de parer aux dangers qui en résultent. Cette discussion a démontré que, dans un nombre assez considérable de cas, le chloroforme a déterminé la mort des opérés, sans que rien, dans les moyens employés pour son administration, puisse être invoqué, afin d'en expliquer le résultat funeste.

En juillet 1857, la question des dangers de la méthode anesthésique a été agitée de nouveau devant l'Académie de médecine de Paris. Ce qui est résulté surtout de cette nouvelle discussion, soulevée à l'occasion d'un travail de M. Devergie, c'est la démonstration du peu d'utilité, et dans quelques cas, des dangers que présentent les appareils pour l'administration du chloroforme. On s'est fréquemment servi jusqu'ici, pour faire respirer le chloroforme et surtout l'éther, de divers appareils d'inhalation. Ils se composent d'un tube terminé par une embouchure qui s'applique sur la bouche ; une soupape disposée sur le trajet de ce tube sert à l'entrée de l'air inspiré et qui a traversé le réservoir contenant le liquide anesthésique ; une autre soupape donne issue à l'air expiré. Mais le jeu de ces soupapes peut quelquefois n'être pas réglé avec assez d'exactitude pour que le mélange d'air et de vapeurs anesthésiques, qui s'introduit dans les poumons, contienne la quantité d'air nécessaire à l'entretien de la respiration. Le malade est alors exposé à périr, non par l'action délétère de l'agent anesthésique, mais par asphyxie. L'Académie de médecine conseille donc, et avec raison, de rejeter tout appareil inhalateur, et de se borner à faire respirer le chloroforme en le versant sur un linge plié ou dans le creux d'une éponge. L'asphyxie peut ainsi être toujours évitée, car on n'a pas à craindre le manque d'air respirable.

En résumé, dans un certain nombre de cas, le chloroforme a amené la mort, soit par l'oubli des précautions qui sont nécessaires pendant son administration, ce qui a déterminé l'asphyxie, soit par suite de l'existence, chez l'individu, de certaines affections organiques, soit enfin en raison de l'action toxique que l'on ne peut s'empêcher de reconnaître au chloroforme, action que certaines *idiosyncrasies* peuvent rendre accidentellement plus grave. Faut-il, cependant, d'après ce petit nombre de résultats malheureux, et en regard du nombre immense de faits contraires, renoncer aux bienfaits de la méthode anesthésique et la bannir sans retour de la scène chirurgicale ? Il y aurait de la folie à le prétendre. Autant vaudrait renoncer aux machines à vapeur, à cause des désastres qu'elles ont souvent provoqués, aux chemins de fer, en raison des malheurs qu'ils ont pu produire. Il faudrait abandonner, au même titre, tous ces agents héroïques de la médecine interne, qui rendent tous les jours à l'humanité des services immenses, et qui ne sont pas sans avoir amené sans doute quelques résultats semblables. Si l'on dressait pour l'opium, pour le quinquina, pour la saignée, pour les purgatifs, pour l'émétique, un relevé pareil à celui que l'on a dressé pour le chloroforme et l'éther, nul doute que l'on ne dévoilât un plus triste nécrologe. Voudrait-on, pour cela, répudier ces médicaments précieux ? Assurément, ce n'est pas ainsi qu'il faut entendre le progrès scientifique. Le progrès consiste à tenir compte de ces accidents pour surveiller, pour perfectionner, pour régulariser l'emploi de ces divers moyens, qui, à côté de leurs avantages, ont aussi leurs dangers, et qui n'offrent ces dangers que parce qu'ils ont ces avantages : une substance ne peut jouir, en effet, d'une certaine efficacité thérapeutique qu'à condition d'exercer sur l'économie une action plus ou moins profonde. L'art réside à diriger convenablement l'exercice de cette action pour le faire tourner au profit de la science et de l'humanité.

Au reste, la question des dangers de la méthode anesthésique est complexe ; et, comme le remarque avec beaucoup de raison M. Bouisson, il est nécessaire, pour la résoudre, de distinguer entre les agents anesthésiques et la méthode elle-même. Il n'est pas douteux que les substances douées de la propriété d'anéantir la sensibilité de nos organes, ne trouvent dans cette propriété même la source de certains périls. Mais les chances dangereuses ne sont pas les mêmes pour le chloroforme et pour l'éther. L'emploi de l'éther sulfurique ne peut soulever aucune crainte sérieuse ; les cas de mort attribués à cette substance sont peu nombreux et tous susceptibles d'une victorieuse discussion. L'anesthésie au moyen du chloroforme présente moins de sécurité ; et si les chirurgiens, adoptant une mesure dictée par une prudence parfaitement justifiée, selon nous, se décidaient à abandonner son usage, pour s'en tenir à l'emploi de l'éther sulfurique, ils réduiraient au silence les derniers détracteurs de la méthode anesthésique.

Il est bon de remarquer d'ailleurs que, par suite de l'attention dirigée vers les études de ce genre, il y a lieu d'espérer que l'on parviendra à découvrir, parmi les agents anesthésiques actuellement connus, ou bien chez d'autres substances non encore signalées, un produit nouveau dont l'action tienne le milieu entre celles de l'éther et du chloroforme, et qui permette de jouir des avantages du premier, tout en évitant les dangers auxquels le second nous expose.

Bien que l'éther et le chloroforme soient les seuls composés employés en chirurgie, on connaît déjà plus de trente substances jouissant de la propriété anesthésique ; un travail de M. Nunnely, publié en 1859, sous le titre de : *On anesthœsia and anesthœsic Substances generally*, contient sur ce sujet des indications utiles à consulter. Les substances auxquelles M. Nunnely accorde la propriété stupéfiante la plus marquée et la plus innocente sont : l'éther sulfurique, — les carbures d'hydrogène gazeux, et le plus particulièrement, parmi ces divers carbures d'hydrogène, le gaz de l'éclairage ordinaire, — l'éther chlorhydrique, — l'éther hydrobromique, — le chloroforme, — l'aldéhyde, — le chlorure de gaz oléfiant, — et le chlorure de carbone.

À cette liste il convient d'ajouter, comme jouissant de propriétés anesthésiques, le gaz oxyde de carbone, le gaz acide carbonique, l'éther azoteux, l'éther formique, le chloroformo-méthylal, le sulfure de carbone, l'essence de moutarde, la créosote, l'essence de lavande, l'essence d'amandes amères, la benzine, les vapeurs d'huile de naphte, et celles de l'iodoforme. Mais une remarque importante à faire ici, c'est qu'un certain nombre de ces corps sont des poisons actifs, et doivent, à ce titre, être rejetés de l'emploi médical. Les seuls anesthésiques, parmi tous ceux que nous venons de nommer, qui n'agissent point comme poisons, et qui peuvent dès lors être acceptés pour l'usage chirurgical, sont, avec le chloroforme et l'éther sulfurique, les éthers chlorhydrique, bromhydrique, chlorhydrique chloré, acétique, l'aldéhyde, le chloroformo-méthylal et l'huile de naphte.

Nous ne devons pas manquer d'ajouter que l'année 1857 a vu la découverte d'un agent anesthésique nouveau, et qui a beaucoup attiré l'attention, parce qu'il a paru un moment répondre au *desideratum* signalé plus haut, c'est-à-dire d'une substance dont l'action tient le milieu, sous le rapport de l'activité, entre celles du chloroforme et de l'éther. Cette substance, c'est l'*amylène*, qui a été découvert par M. Cahours, dans l'huile de pomme de terre, et plus tard, en 1844, par M. Balard, dans les produits de la distillation du marc de raisin. M. Snow, praticien de Londres, à la suite d'essais faits en novembre 1856, sur un grand nombre de malades, a reconnu que l'amylène produit un effet anesthésique, non accompagné de symptômes graves auxquels donnent lieu le chloroforme et l'éther ; qu'il n'exerce aucune action irritante sur les organes respiratoires, et plonge le sujet dans un état complet d'insensibilité.

Annoncés par M. Snow, le 10 janvier 1857, à la *Société royale de Londres*, ces faits sont devenus en France l'objet d'un examen approfondi : M. Giraldès, à l'hôpital des Enfants trouvés à Paris ; M. Tourdes, à L'hôpital de Strasbourg, ont confirmé, par l'opération clinique, les faits avancés par M. Snow relativement à l'efficacité de l'amylène. Enfin, le 14 mars 1857, l'Académie de médecine de Paris a entendu la lecture d'un rapport de Robert, concluant dans le même sens.

Cependant, il ne faudrait pas croire que l'innocuité de l'amylène soit complète, et que cet agent nouveau n'expose point les malades à quelques dangers. Il suffit de dire, pour établir le fait contraire, que deux cas de mort sont arrivés pendant l'administration de cet anesthésique, et ces faits malheureux sont survenus entre les mains de M. Snow lui-même, l'auteur de la découverte des propriétés de l'amylène. Au mois d'août 1857, dans un rapport à l'Académie de médecine, Jobert a insisté sur ce point, que l'amylène expose aux mêmes dangers que le chloroforme, et ne saurait, par conséquent, lui être préféré dans aucun cas. Le rapport de Jobert a fait renoncer, en France, à l'usage de l'amylène.

En 1864, le docteur Georges fit des expériences comparatives avec une série de gaz connus comme anesthésiques. M. Georges accordait la préférence, pour l'emploi chirurgical, à l'éther bromhydrique, dont l'action est prompte, passagère et peu dangereuse. D'autres substances, telles que le bromoforme, les éthers acétique, nitreux, œnanthique, amyliodhydrique, lui donnèrent quelques bons effets.

Le kersolène, proposé en 1862 par le chirurgien américain Ephraïm Cutter, comme nouvel agent d'anesthésie, est dangereux, à cause de son inflammabilité, car c'est un produit tiré de l'huile de pétrole.

M. le docteur Ozanam a récemment préconisé l'usage de l'acide carbonique, comme agent d'anesthésie générale. M. Ozanam a fait aspirer ce gaz après l'avoir mélangé avec un quart de son volume d'air ordinaire. D'après ce chirurgien, l'acide carbonique ne paraît pas présenter les effets toxiques du chloroforme. Disons toutefois que cette innocuité a été vivement contestée par plusieurs autres expérimentateurs.

Enfin, le 9 avril 1866, un chirurgien américain, M. Bigelow, de Boston, a fait connaître à la *Société médicale* de cette ville, un nouvel anesthésique local : c'est le *rhigolène*, un des produits de la distillation du pétrole, et qui jouit d'une volatilité considérable, car il bout à + 38° c. Ce carbure d'hydrogène est le plus léger des liquides connus ; sa pesanteur spécifique est de 0,62. Sa volatilité est telle, qu'appliqué sur la peau, il la congèle en dix ou douze secondes.

Les inconvénients qui peuvent se rattacher à l'emploi des agents anesthésiques actuellement connus, ne prouvent rien cependant contre l'utilité de la méthode elle-même. L'anesthésie a amené dans la chirurgie un progrès éclatant, puisqu'elle a diminué, dans une proportion notable, les chances de mort à la suite des grandes opérations : appliquée avec discernement et par des mains prudentes, elle jouit de toute l'innocuité que l'on réclame des procédés de l'ordre thérapeutique. On ne peut exiger de la contingence des faits vitaux, autre chose que la probabilité numérique ; or, cette probabilité est portée ici à un degré tellement avancé, qu'elle assure toute sécurité à la confiance du malade et toute liberté à la conscience du chirurgien. Au mois de mars 1850, c'est-à-dire un peu plus de trois ans après l'introduction des anesthésiques dans la pratique chirurgicale, Roux estimait à cent mille le nombre d'individus soumis, en Amérique et en Europe, à l'action de l'anesthésie, et, sur ce nombre immense de cas, on avait eu à peine douze ou quinze malheurs à déplorer. Dans un intervalle de dix ans, Velpeau a pratiqué trois ou quatre mille fois l'éthérisation, et il n'a jamais été témoin d'un événement fatal. Ces chiffres suffisent pour dissiper les appréhensions qu'ont pu laisser dans l'esprit de nos lecteurs les tristes événements que nous avons dû mentionner.

CHAPITRE VIII

L'ANESTHÉSIE LOCALE. — EXPÉRIENCES ET OBSERVATIONS RÉCENTES SUR L'APPLICATION TOPIQUE D'AGENTS D'INSENSIBILITÉ : L'ÉTHER ET LA GLACE. — APPAREILS DIVERS POUR PRODUIRE L'ANESTHÉSIE LOCALE. — EMPLOI DU PROTOXYDE D'AZOTE POUR PRODUIRE UNE ANESTHÉSIE FUGACE APPLICABLE A L'OPÉRATION DE L'EXTRACTION DES DENTS. — CONCLUSION.

Pour produire l'anesthésie, ou l'insensibilité générale, on n'a que l'embarras du choix entre une foule d'agents, qui ont été plus ou moins éprouvés par un fréquent usage. Mais l'inhalation de substances gazeuses entraîne souvent des inconvénients ou des dangers, dont le plus évident est la possibilité de l'asphyxie. Le chloroforme, l'éther, l'amylène, employés pour produire l'insensibilité générale par l'inhalation pulmonaire, ont, dans bien des cas, occasionné la mort, sans que la science ait jamais pu fournir un seul moyen de prévenir ou de conjurer cette issue. Les chances de mort sont, il est vrai, numériquement très-faibles, mais elles existent toujours, et il faut compter avec elles.

Sans dire avec un chirurgien contemporain (M. Sédillot) que, quand on administre un anesthésique, « la question de mort est posée, » on peut pourtant affirmer que l'on n'est jamais certain d'avance, que l'administration de la substance anesthésique sera inoffensive. Le danger plane sur chaque opération ; il laisse le chirurgien et le malade en proie à des préoccupations secrètes, qui sont une condition très-fâcheuse pour le succès du traitement.

C'est en raison de ces légitimes craintes, que l'on a cherché depuis longtemps à produire l'insensibilité par un mode moins énergique et moins redoutable, en d'autres termes, que l'on a cherché à réaliser l'*anesthésie locale*.

Le chloroforme employé en frictions sur les parties malades, a fourni quelquefois de bons résultats, pour combattre les douleurs internes, dans les affections rhumatismales et dans quelques états analogues. Ce mode d'emploi des substances anesthésiques, a donné l'idée d'en tirer parti pour les opérations chirurgicales, et l'on a essayé, à l'aide de frictions avec le chloroforme, d'engourdir exclusivement la partie destinée à subir une opération douloureuse, sans faire participer l'économie entière à l'état grave et pénible dans lequel on est forcé de la placer par la méthode ordinaire.

On comprend tous les avantages, toute l'importance de cette nouvelle application de l'anesthésie. Si l'on parvenait à rendre isolément insensible la partie du corps sur laquelle l'opération doit être pratiquée, on échapperait aux difficultés et aux dangers auxquels on s'expose par les procédés suivis aujourd'hui. L'individu resterait tout entier maître de sa volonté et de sa raison ; il pourrait se prêter aux mouvements et aux manœuvres du chirurgien ; il ne serait plus comme un cadavre entre les mains de l'opérateur. Ainsi la sûreté de l'opération, la confiance du chirurgien, et aussi la dignité humaine, gagneraient à cette modification heureuse. On étendrait en même temps l'application de l'anesthésie à bien des cas où elle ne peut être mise en œuvre. On sait que la plupart des opérations qui se pratiquent vers la bouche ou du côté des voies aériennes, par exemple, ne peuvent être faites avec le chloroforme ou l'éther, parce que l'on redoute avec raison que le sang ne pénètre dans les voies aériennes et ne provoque l'asphyxie. Il est encore certaines opérations qui exigent le concours actif, l'attention, la participation du malade, et qui ne peuvent par conséquent s'accomplir dans l'état de sommeil éthérique. Enfin, il existe un très-grand nombre de cas dans lesquels l'opération est d'une si faible importance, que l'on juge inutile et même irrationnel, d'éthériser les malades ; dans ces dernières circonstances, lorsqu'il ne s'agit, par exemple, que d'un coup de bistouri à donner, les malades pourraient encore jouir du bénéfice des procédés anesthésiques. Tout cela fait comprendre les avantages de l'anesthésie localisée.

Nous allons faire connaître les résultats des recherches nombreuses qui ont été faites jusqu'à l'année 1867, pour arriver à produire commodément et avec certitude, cet état d'anesthésie.

Les travaux de MM. Serres, Flourens, Longet, firent connaître que, sous l'influence des inhalations d'éther sulfurique, les bords de la langue et de la muqueuse du pharynx étaient insensibles. M. Longet appliqua l'éther sulfurique sur un nerf mis à nu, et il constata que le nerf avait perdu toute sensibilité. M. Simpson, chirurgien d'Édimbourg, essaya alors d'appliquer le chloroforme comme topique destiné à détruire la sensibilité locale ; et il obtint, en effet, l'engourdissement de la région du corps, mise en contact avec le liquide anesthésique. Cependant, lorsqu'il voulut pratiquer une incision dans les parties ainsi engourdies, la douleur se manifesta, et elle fut très-vive.

Un physiologiste anglais, M. Nunnely, a fait, dans le même but, quelques expériences sur des animaux. Il parvint effectivement, au moyen d'applications de chloroforme, à supprimer la douleur pendant des opérations faites sur le chien et autres animaux ; mais, quand il voulut appliquer la même méthode à l'homme, il ne put jamais obtenir qu'un engourdissement local, sans perte de sensibilité.

En 1848, le docteur Jules Roux, de Toulon, reprit les mêmes tentatives. Il réussit à calmer les douleurs des plaies chirurgicales, en y versant une certaine quantité d'éther liquide.

D'autres expérimentateurs confirmèrent bientôt les bons effets de l'éther et du chloroforme, comme anesthésique topique, M. Hardy, chirurgien irlandais, fit alors construire un instrument pour l'application locale du chloroforme dans les affections utérines.

En France, M. le docteur Guérard inventa, en 1854, un appareil pour l'éthérisation locale. Cet appareil se compose d'un cylindre plein d'éther et parcouru par un piston qui pousse peu à peu l'éther au dehors. En même temps, un petit ventilateur, dirigé vers la partie malade, active l'évaporation du liquide. Cet instrument est entré, dès l'année 1855, dans la pratique chirurgicale. MM. Nélaton, Dubois, Demarquay, s'en sont servis avec avantage.

La figure 353 représente cet appareil. B est un cylindre métallique, plein d'éther sulfurique liquide ; A, un autre cylindre dans lequel se meut un piston, qui vient pousser et chasser devant lui l'éther, de manière à le faire sortir par l'orifice du tube recourbé CD. Sur la caisse de cet appareil est une manivelle E, qui, mise en mouvement, fait agir une sorte de soufflet ou de ventilateur, placé à l'intérieur de la caisse. GH est le tuyau de sortie de l'air de ce soufflet. L'air qui sort ainsi avec force par le tube GH, quand on tourne la manivelle, produit une évaporation extrêmement rapide de l'éther amené à la surface de la peau, par le tube CD. Ainsi se manifeste sur la partie, une réfrigération considérable, qui finit par amener une insensibilité locale.

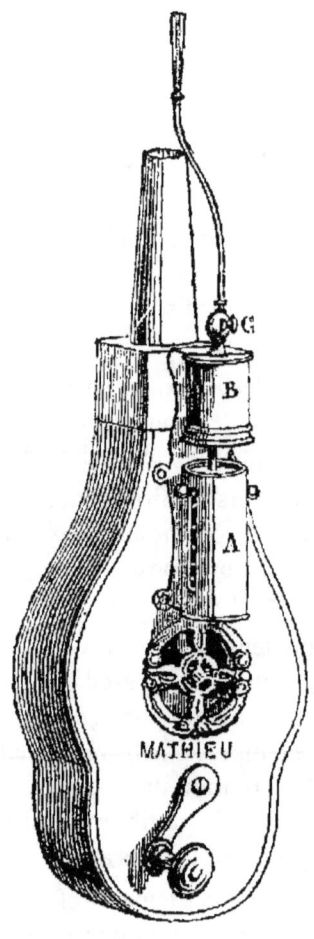

Fig. 353. — Appareil de M. Guérard, pour l'éthérisation locale.

Un autre moyen de produire l'anesthésie, consiste dans l'application directe du froid, c'est-à-dire dans l'emploi de la glace ou d'un mélange réfrigérant.

L'influence d'une basse température pour abolir la sensibilité, avait été remarquée par le célèbre chirurgien Larrey, après la bataille d'Eylau, où plusieurs opérations durent être pratiquées par un froid de 19 degrés au-dessous de zéro. Mais c'est surtout à James d'Arnott, chirurgien anglais, qu'on doit l'emploi systématique du froid comme agent d'anesthésie locale. Velpeau a, de son côté, beaucoup contribué à vulgariser ce moyen simple et peu dispendieux.

La glace pilée, appliquée sur la partie, ou l'éther sulfurique versé sur cette même partie, tels sont, en résumé, les deux moyens qui ont été mis alternativement en usage comme agents d'anesthésie locale. Mais quel est le plus avantageux de ces deux procédés ? En 1858, M, Demarquay fit des expériences comparatives de l'un et de l'autre moyen, et le résultat sembla faire pencher la balance du côté de la glace.

Depuis l'année 1854, époque à laquelle M. Guérard fit connaître son *réfrigérateur*, beaucoup d'autres moyens ont été proposés pour produire l'anesthésie locale. On a essayé, par exemple, de produire cet effet par l'électricité. À la fin de l'année 1858, les dentistes de Paris et les chirurgiens eux-mêmes, s'occupèrent de l'emploi de l'électricité comme moyen d'abolir la douleur pendant l'extraction des dents. Un dentiste de Philadelphie avait assuré que l'extraction des dents s'accomplissait sans douleur pour le patient, si l'opération s'exécutait sous l'influence du courant électrique de la machine d'induction de Clarke. Mais les expériences qui furent tentées à Paris, donnèrent des résultats douteux, et même complètement négatifs.

La compression des nerfs et des vaisseaux, fut essayée à la même époque, pour engourdir localement la sensibilité, mais sans plus de succès.

L'acide carbonique donna de meilleurs résultats, dans ses applications spéciales comme *analgésique*. Mais l'acide carbonique doit sa propriété de diminuer la douleur, principalement à l'influence bienfaisante qu'il exerce sur les plaies. M. Demarquay, dans son remarquable *Essai de pneumatologie médicale*[22], a établi, en effet, que l'acide carbonique favorise au plus haut degré la guérison des plaies de mauvaise nature.

On a signalé, dans le même but, un singulier moyen, c'est l'emploi des venins, proposé par M. le docteur Desmartis, de Bordeaux. Les morsures d'araignées produisent quelquefois l'*analgésie* locale. Le venin de certains insectes hyménoptères, paraît produire un effet analogue. Mais on n'a tenté aucune expérience sérieuse pour tirer parti de cet expédient bizarre.

La liqueur des Hollandais, le bromure de potassium, appliqué à l'état liquide, et un grand nombre de substances carburées ont été essayés, sans résultat, comme agents d'anesthésie locale.

La question de l'anesthésie locale semblait donc très-éloignée encore d'une solution satisfaisante, lorsque, dans les premiers mois de 1866, M. Labbé, chirurgien de la Salpêtrière, fit connaître en France un nouvel appareil à éthérisation, en usage en Angleterre et dont l'effet est aussi énergique que rapide. On doit ce nouvel instrument à M. Richardson, médecin de Londres, qui en a publié la description au mois de février 1866.

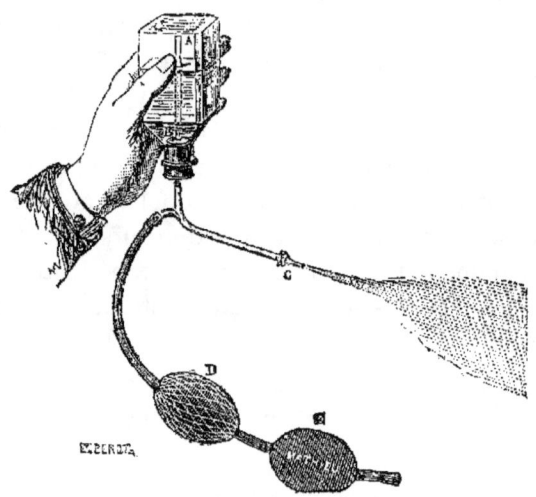

Fig. 354. — Appareil de M. Richardson pour l'éthérisation locale.

L'appareil que nous représentons ici (*fig.* 354) se compose d'un flacon de verre plein d'éther sulfurique et muni de deux tubes, l'un en caoutchouc, l'autre en métal. Le tube en caoutchouc porte une boule E qui sert à chasser de l'air dans le flacon, par des pressions alternatives pratiquées avec la main ; cet air traverse une seconde boule D qui sert à emmagasiner l'air comprimé et à rendre son écoulement constant. Le tube métallique ABC plonge dans l'éther, et se termine en pointe effilée. À chaque pression de la main sur la boule élastique, l'air passe dans le flacon, comprime l'éther et le chasse dans le tube métallique, d'où il sort extrêmement divisé et pour ainsi dire pulvérisé. Ce mécanisme est analogue à celui des siphons à eau de Seltz. L'éther, ainsi réduit en particules prodigieusement divisées, est lancé contre la partie dont on veut détruire la sensibilité.

L'appareil que nous représentons ici, a été exécuté, en France, par M. Mathieu, constructeur d'instruments de chirurgie, qui a apporté quelques modifications à celui de M. Richardson.

Le temps nécessaire pour produire l'anesthésie locale avec cet appareil, varie de deux à quatre minutes. La distance de l'orifice du pulvérisateur à la peau doit être d'au moins 1 décimètre.

M. Sales-Girons a modifié l'appareil du docteur Richardson, en substituant à la boule de caoutchouc une pompe foulante, qui permet de produire une pression plus continue.

Le modèle que M. Demarquay a fait construire pour son usage, vaporise, ou plutôt pulvérise, environ 30 grammes d'éther par minute. La pompe à main est manœuvrée par un aide, pendant que le chirurgien dirige le jet d'éther sur la partie malade.

M. Lüer, constructeur d'instruments de chirurgie, a imaginé divers appareils pour la *pulvérisation des liquides*, qui s'appliquent parfaitement à la *pulvérisation* de l'éther, quand il s'agit de produire l'insensibilité locale. Ces divers appareils peuvent remplacer celui de M. Richardson, dont nous venons de donner la description.

Le plus puissant de ces *injecteurs-pulvérisateurs* est représenté figure 355. Une petite pompe placée dans le cylindre horizontal C, et manœuvrée, grâce à une manivelle, par la roue DE, pousse l'éther contenu dans ce cylindre, dans le petit tube de caoutchouc *a, b*. À l'intérieur du cylindre G, qui termine le tube de caoutchouc, est disposé un petit *pulvérisateur*, sorte de tranche métallique, qui divise le jet liquide poussé par la pompe, et le force à se répandre au dehors, en une sorte de pluie, ou *poudre liquide*.

Cet appareil que M. Lüer a construit surtout pour lancer dans l'intérieur de la gorge, de l'eau pulvérisée, ou des liquides médicamenteux, peut servir, avec avantage, à produire l'anesthésie locale. L'abaissement de température que l'on obtient avec l'éther sulfurique, va jusqu'à — 8 ou — 10°.

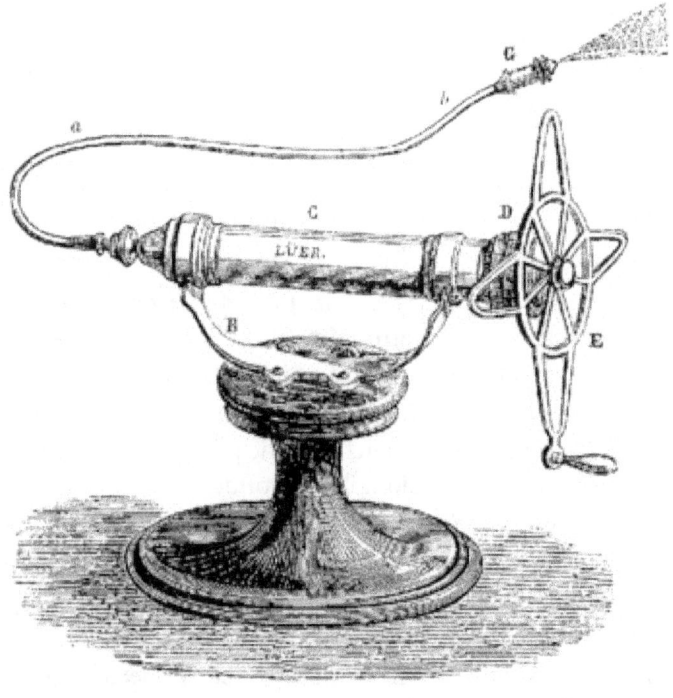

Fig. 355. — Injecteur-pulvérisateur des liquides de M. Lüer.

La figure 356 représente le même appareil simplifié et réduit à de plus petites dimensions. À est un bouton qui sert à pousser un piston jouant à l'intérieur du tube BG, pour chasser devant lui le liquide remplissant cette cavité. D est l'orifice par lequel s'écoule le liquide pulvérisé.

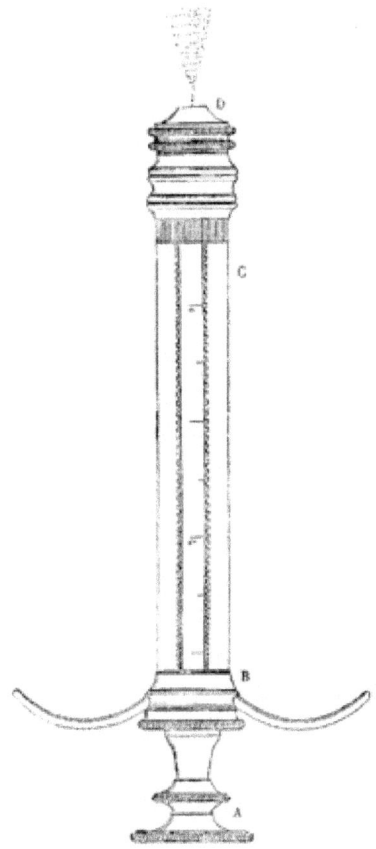

Fig. 356.

M. Lûer a encore donné au même appareil une autre forme que nous représentons dans la dernière figure (*fig.* 357).

Ici l'éther, ou tout autre liquide, est placé dans une carafe de verre F. Une petite pompe BDG, mue par une manivelle E, aspire le liquide et le refoule dans un tube latéral. Sur le trajet de ce tube se trouvent deux petits *pulvérisateurs fr, gt*, qui produisent la division du liquide à sa sortie.

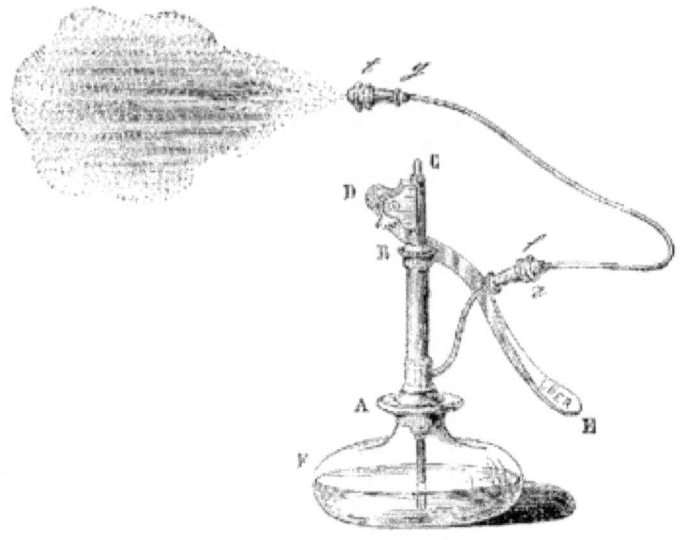

Fig. 357.

Les divers appareils que nous venons de décrire et de représenter, ont tous pour but de diviser l'éther en particules excessivement petites et de produire une évaporation très-rapide de ce liquide. On sait que l'éther sulfurique bout à + 35 degrés. Ainsi mis en contact avec la peau à l'état de division extrême, il doit se vaporiser avec une rapidité excessive, en empruntant a la peau elle-même le calorique qui lui est nécessaire pour cette vaporisation. Un froid intense, dû à une abondante soustraction de calorique, se produit ainsi à la surface, et jusqu'à une certaine profondeur de la peau. Bientôt l'anesthésie arrive ; la peau pâlit, durcit, devient insensible, et la perte de sensibilité se propage dans la profondeur des tissus.

Comment agit l'éther dans cette circonstance ? Produit-il l'anesthésie tout simplement par le froid, ou par une action stupéfiante spéciale, qu'il exercerait sur les nerfs périphériques, ainsi que l'a soutenu M. Richet ? Il est probable que la réfrigération considérable, que provoque la vaporisation de l'éther, est la seule cause de l'anesthésie. Il est établi, en effet, que l'éther n'agit point tant qu'il reste liquide. On sait, d'un autre côté, que l'évaporation de l'éther

Louis Figuier

produit un froid de — 10 à — 20° ; ce qui prouve qu'il peut parfaitement remplacer, comme moyen réfrigérant, la glace ou les mélanges de glace et de sel. Des expériences faites par MM. Betbèze et Bourdilliat, internes des hôpitaux de Paris, ont mis ce phénomène hors de doute.

On a fait, dans le service chirurgical de M. Demarquay, à l'hospice Beaujon, de nombreuses applications de l'appareil de M. Richardson que nous avons représenté figure 354. Avant d'en faire usage, M. Demarquay fait bander les yeux du patient. Cette précaution permet souvent d'opérer les malades à leur insu, et de bien distinguer ainsi les effets de l'émotion de ceux de la douleur.

Dans un mémoire publié par MM. Betbèze et Bourdilliat[23], on trouve de nombreux faits, ou *observations*, comme on le dit en médecine, relatives à ce nouveau moyen d'anesthésie locale. Nous mentionnerons plus spécialement celle qui concerne l'extraction d'une balle.

Un jeune homme de vingt-neuf ans, se présente à l'hôpital, avec une plaie produite par une arme à feu, dans la région temporale droite. La balle existe encore au fond de la plaie. Dirigée obliquement, d'arrière en avant, elle est fixée à 3 centimètres de l'apophyse orbitaire externe, dans l'épaisseur de laquelle elle est fortement engagée. Les téguments, enflammés, présentent un engorgement considérable. Après avoir exploré la plaie, M. Demarquay provoque l'anesthésie locale, pour extraire le projectile. L'éthérisation abaisse la température des tissus à — 11 degrés, et une incision en croix assez profonde ne cause aucune douleur au malade. On retire la balle au moyen d'une spatule agissant comme levier.

Cette observation montre tout l'avantage qu'on pourrait retirer de l'anesthésie locale, pour l'extraction des projectiles, opération qui se fait à chaque instant sur les champs de bataille.

L'anesthésie locale, obtenue par l'éther *pulvérisé*, prévient la douleur dans la grande majorité des cas observés. Dans les autres, la sensibilité paraît au moins fort émoussée. La profondeur à laquelle s'étend l'insensibilité est de 4 à 5 centimètres. Le temps nécessaire pour l'obtenir varie d'une à cinq minutes ; il est, en moyenne de deux à trois minutes. La température des tissus varie de — 12° à — 15°. Les hémorrhagies sont rares ou insignifiantes, Il est certaines précautions qu'il ne faut pas négliger dans l'emploi de l'éther, comme réfrigérant. Nous dirons d'abord, qu'un médecin d'un peu de bon sens, ne s'avisera pas de pratiquer une cautérisation au fer rouge, sur une partie humectée d'éther, liquide combustible, qui s'enflammerait nécessairement au contact du métal incandescent. Il faut se rappeler aussi que les vapeurs d'éther, répandues en grande quantité dans une pièce de dimensions exiguës, pourraient prendre feu, et causer un incendie.

À part ces inconvénients, qu'il est facile d'éviter, avec un peu de prudence, l'éther semble présenter une supériorité réelle sur la glace comme réfrigérant et anesthésique non-seulement par la rapidité et l'énergie de son action, mais encore par la facilité avec laquelle on peut en graduer l'effet. La réaction qui suit l'anesthésie par l'éther, est modérée, tandis que la réaction qui suit l'application, trop longtemps continuée, de la glace, peut aller jusqu'à amener la gangrène. Enfin, la glace manque en beaucoup de localités, tandis que l'éther est toujours et partout sous la main.

Les expériences de M. Demarquay, jointes à celles de plusieurs autres chirurgiens, ont, en résumé, consacré les avantages de l'anesthésie locale produite par l'éther *pulvérisé*. Ce moyen est certainement appelé à s'introduire de plus en plus dans la pratique chirurgicale. Il engage beaucoup moins la responsabilité de l'opérateur que l'administration du chloroforme, qui est toujours, en principe, environnée de dangers. Beaucoup de médecins de province reculent devant la *chloroformisation*, parce qu'ils ont des motifs sérieux de la redouter, ou parce qu'ils manquent des aides nécessaires. L'appareil à éthérisation locale, est, au contraire, d'un usage si simple, qu'il est à la portée de tout le monde, et de plus, il paraît exempt de dangers. L'anesthésie locale facilitera toutes les opérations de la petite chirurgie, telles qu'ouvertures d'abcès, d'anthrax, de phlegmons, de panaris, de fistules, etc., les extractions de corps étrangers, ongles incarnés et autres opérations analogues superficielles ou de courte durée. On peut donc espérer que son emploi se répandra rapidement dans la pratique.

On a vu se produire récemment, en Amérique, puis en France, un mode tout particulier d'emploi de l'anesthésie, dont nous ne pouvons nous dispenser de dire quelques mots, en terminant cette notice. Il s'agit d'une sorte d'anesthésie locale, provoquée par un agent, que l'on administre pourtant par voie d'inhalation pulmonaire, comme s'il s'agissait de l'éther ou du chloroforme. Nous voulons parler du protoxyde d'azote, respiré pour produire une insensibilité générale, très-fugitive, sans doute, mais suffisante pour permettre l'extraction d'une dent, sans aucun sentiment de douleur pour le patient.

Nous avons longuement parlé, dans les premières pages de cette notice, des expériences faites en 1800, par Humphry Davy et autres observateurs, sur le protoxyde d'azote. En 1864, plusieurs dentistes américains, et notamment M. A. Préterre, de New-York, ont expérimenté de nouveau le protoxyde d'azote, et reconnu que ce gaz est un véritable anesthésique, dont l'action est seulement de très-courte durée.

M. Préterre, dentiste de Paris, frère du précédent, répéta ces mêmes expériences, en 1866. Il arracha six dents ou racines, à une jeune dame extrêmement nerveuse, qu'il avait placée sous l'influence du protoxyde d'azote. L'opération fut si peu douloureuse, qu'à son réveil la patiente priait l'opérateur de commencer bien vite. Depuis ce premier essai, M. Préterre a fait de nombreuses applications de ce gaz, et il se sert aujourd'hui quotidiennement de ce moyen, pour éviter aux patients, qui en expriment le désir, la terrible douleur de l'avulsion dentaire.

L'anesthésie provoquée par le protoxyde d'azote, se manifeste après une ou deux minutes d'inspiration de ce gaz ; elle dure de trente à quarante secondes, temps suffisant pour pratiquer l'extraction d'une dent. En prolongeant l'inspiration, M. Préterre obtint une fois, trois minutes d'insensibilité complète, mais il ne voulut pas aller plus loin.

La dose de gaz nécessaire pour produire l'anesthésie est de vingt-cinq à trente litres.

Ce qui caractérise l'anesthésie provoquée par le protoxyde d'azote, c'est la rapidité avec laquelle elle se produit, et sa courte durée. On peut endormir le patient, lui extraire deux dents molaires, et le réveiller, le tout dans l'espace de deux minutes.

L'administration du protoxyde d'azote, selon M. Préterre, ne présente aucun danger, et ne saurait donner lieu à aucun accident. Ce praticien l'a essayé sur lui-même quelques centaines de fois, sans en être le moins du monde incommodé. Il a respiré, impunément, ce gaz jusqu'à quinze fois dans la même journée.

Ainsi la petite chirurgie est en possession d'un excellent procédé d'anesthésie locale, avec l'éther pulvérisé, employé comme réfrigérant ; et la chirurgie dentaire dispose, avec le protoxyde d'azote, employé en inhalations, du moyen de produire une insensibilité fugace, mais suffisante pour pratiquer l'avulsion d'une dent malade.

Quant à la grande chirurgie, elle est toujours en mesure de produire une insensibilité profonde pendant les opérations de longue durée, à l'aide de ces deux admirables produits, le chloroforme et l'éther, « agents merveilleux et terribles, » selon l'expression de M. Flourens, mais assurément plus merveilleux que terribles.

En résumé, la méthode anesthésique mérite bien, on le voit, l'admiration et l'enthousiasme qu'elle a excités partout, et elle doit figurer parmi les plus brillantes conquêtes de la science moderne, parmi les bienfaits que la Providence a accordés à la faiblesse humaine.

Cette appréciation ne semblera pas exagérée, si nous rappelons, pour résumer cette étude, les résultats généraux dont elle a enrichi l'humanité. La douleur désormais proscrite du domaine chirurgical, ses conséquences désastreuses conjurées, et par là les bornes de la durée moyenne de la vie reculées dans une certaine mesure ; — la chirurgie devenue plus hardie et plus puissante ; — avant les grandes opérations une attente paisible au lieu des appréhensions les plus sinistres ; — pendant la durée des cruelles manœuvres, au lieu des plaintes déchirantes, un paisible sommeil ; au lieu des cris lamentables de la douleur, les ravissements de l'extase, et au réveil le silence ou une exclamation de joie ; — la femme enfantant sans douleur, et malgré la terrible condamnation biblique, insensible aux souffrances de la parturition, donnant la vie à son enfant, suivant la belle expression de M. Simpson, « au milieu de songes élyséens, sur un lit d'asphodèles » : — tels sont les inestimables avantages qui font de l'éthérisation l'une des plus précieuses conquêtes dont l'humanité se soit enrichie depuis bien des siècles.

Louis Figuier

NOTES

1.   Cité par Eusèbe Salverte, Des sciences occultes, ch. XVII.

2.   Directoire des inquisiteurs, partie III, p. 481.

3.   Un médecin des environs de Toulouse, M. Dauriol, assure qu'il employait en 1832 des moyens analogues chez les malades qu'il soumettait à quelque opération ; il rapporte cinq cas dans lesquels ses opérés, traités de cette manière, n'éprouvèrent aucune douleur. (Journal de médecine et de chirurgie de Toulouse, janvier 1847.)

4.   Le docteur Esdaile a expérimenté à Calcutta, en 1850, les narcotiques opiacés comme agents d'anesthésie, et le résultat des expériences a été entièrement défavorable.

5.   Le quart anglais équivaut à 1lit, 1

6.   Recherches sur l'oxyde nitreux.

7.   Ibid., p. 556.

8.   C'est probablement d'après ces faits que la médecine commença, à cette époque, à tirer parti de l'éther sulfurique employé en vapeurs. Vers l'année 1820, Anglada, professeur de toxicologie à Montpellier, prescrivait les vapeurs d'éther contre les douleurs névralgiques ; il se servait, à cet effet, d'un flacon de Wolf à deux tubulures. Selon M. Duméril, le docteur Desportes conseillait aux phthisiques les inhalations d'éther, et il en obtenait des effets sédatifs. En Angleterre, le docteur Thornron était dans l'usage, à la même époque, d'administrer, entre autres remèdes pneumatiques, la vapeur d'éther ; l'un de nos savants contemporains a raconté que le docteur Thornton l'avait soumis à ce traitement pendant sa jeunesse. Ainsi, l'emploi des inhalations éthérées comme remède interne était entré d'une manière assez sérieuse dans la pratique médicale. Enfin, l'appareil qui servait à administrer les vapeurs d'éther était à peu de chose près le même que celui qu'ont employé les chirurgiens des États-Unis, dans les premiers temps de la méthode anesthésique. Dans l'article ÉTHER duDictionnaire des sciences médicales publié en 1815, Nysten décrit ainsi cet appareil : « Il consiste en un petit flacon de verre à deux tubulures, à moitié rempli d'éther. L'une des tubulures reçoit un tube qui s'ouvre d'une part dans l'air atmosphérique et plonge de l'autre dans l'éther. L'autre tubulure opposée à la précédente est courbée en arc, de manière que, son extrémité devenant horizontale, le malade la reçoit dans sa bouche, et c'est par elle qu'il respire. L'air atmosphérique, introduit par la première tubulure, traverse l'éther et s'imprègne de sa vapeur qu'il porte dans les voies respiratoires. » C'est, comme on le verra plus loin, l'appareil que les chirurgiens américains ont employé au début de la méthode anesthésique.

9.   Défense des droits du docteur Charles T. Jackson à la découverte de l'éthérisation, par les frères Lord, conseillers, p. 127.

10.   Pour comprendre l'importance de ce mot de Morton, Il faut savoir qu'après le succès de la méthode anesthésique, ce dernier ayant revendiqué pour

lui seul l'honneur de cette découverte, assura qu'il avait fait des expériences avec l'éther dès l'année 1843. Il est assez singulier dès lors que, pendant sa conversation avec Jackson, il ne connaisse point l'éther et demande si c'est un gaz. Pour expliquer cette contradiction, Morton a avancé plus tard que son ignorance, sous ce rapport, était simulée, et qu'il voulait seulement tenir ainsi ses expériences cachées au docteur Jackson qu'il savait occupé du même sujet. Tout cela paraît fort invraisemblable, et dans tous les cas cette réticence ne dépose guère en faveur de la sincérité du dentiste.

11.   Mémoire sur la découverte du nouvel emploi de l'éther sulfurique, par W. Morton, p. 17.

12.   Comptes rendus de l'Académie des sciences, 1er février 1847.

13.   Comptes rendus de l'Académie des sciences, t. XXIV, P. 342.

14.   De l'insensibilité produite par le chloroforme et l'éther, p. 17.

15.   De l'emploi des moyens anesthésiques en chirurgie.

16.   Nous ne croyons pas devoir nous arrêter à l'opinion qui accorde à la douleur une certaine utilité. Selon quelques chirurgiens, la douleur déterminerait après l'opération une excitation salutaire qui seconderait la réaction de l'organisme et favoriserait le cours de la fièvre traumatique. Mojon a publié à Gênes un discours Sull'utilità del dolore, traduit dans le Journal universel des sciences médicales (octobre 1817). Le mince opuscule de Mojon qui a été traduit en français, en 1843, par le baron Michel de Tretaigne, est loin de justifier l'attention qu'il a provoquée, pendant les premiers temps de la méthode anesthésique ; on y chercherait en vain les ressources habituellement invoquées pour soutenir honorablement un paradoxe. Le discours Sur l'utilité de la douleur n'est qu'un vain assemblage de lieux communs et de trivialités. La douleur y est représentée comme un don précieux de la nature, comme un baume salutaire. Enfin on arrive à cette conclusion aussi belle que neuve : L'homme doit chérir l'école du malheur !

17.   Une circonstance qui peut expliquer cet heureux résultat, c'est que les malades, certains aujourd'hui d'éviter la douleur, se décident plus promptement à subir les opérations ; celles-ci, ne s'exécutant plus dès lors chez des individus épuisés par les fatigues de souffrances prolongées, offrent des chances plus avantageuses en faveur de la guérison.

18.   Observations et réflexions sur les effets des vapeur d'éther. Liège, 1847.

19.   La même réflexion s'applique au cas de mort signalé à la même époque par M. Roel, de Madrid.

20.   Bulletin de l'Académie nationale de médecine, t. XIX, p. 269 et 396, séances du 14 novembre 1848 et du 9 janvier 1849.

21.   On peut encore citer à ce propos un fait semblable arrivé à Westminster, le 17 février 1849. Il s'agit d'un ouvrier maçon, âgé de trente-six ans, soumis à l'amputation du gros orteil, et qui succomba quelques instants après l'opération, dix minutes après avoir été soumis aux inhalations du chloroforme. Toutes les

précautions nécessaires avaient été prises par le chirurgien, et les soins les mieux entendus furent mis en œuvre pour conjurer l'issue fatale. Aussi le jury devant lequel fut portée cette affaire rendit-il le verdict suivant : « Le décédé Samuel Bennett est mort du chloroforme, convenablement administré. » Le coroner qui formula cet arrêt ne se doutait guère qu'il tranchait avec son bon sens une question qui divisait depuis un an la médecine en deux camps opposés.

22.   Essai de pneumatologie, recherches physiologiques, cliniques et thérapeutiques sur les gaz. 1 vol. in-8°. Paris 1866.

23.   Union médicale des 16 et 21 juin 1856.

ISBN : 978-1519570376